医学Photoshop 平面设计

杨晓吟 编著

厦门大学出版社 国家一级出版社
XIAMEN UNIVERSITY PRESS 全国百佳图书出版单位

图书在版编目(CIP)数据

医学 Photoshop 平面设计/杨晓吟编著.—厦门:厦门大学出版社,2018.9
ISBN 978-7-5615-7106-4

Ⅰ.①医…　Ⅱ.①杨…　Ⅲ.①平面设计—图象处理软件—医学院校—教材
Ⅳ.①TP391.413

中国版本图书馆 CIP 数据核字(2018)第 223859 号

出 版 人	郑文礼
责任编辑	眭　蔚

出版发行　厦门大学出版社

社　　　址	厦门市软件园二期望海路 39 号
邮政编码	361008
总 编 办	0592-2182177　0592-2181406(传真)
营销中心	0592-2184458　0592-2181365
网　　　址	http://www.xmupress.com
邮　　　箱	xmupress@126.com
印　　　刷	厦门市竞成印刷有限公司

开本	787 mm×1 092 mm　1/16
印张	13.5
字数	342 千字
版次	2018 年 9 月第 1 版
印次	2018 年 9 月第 1 次印刷
定价	79.80 元(赠送光盘)

厦门大学出版社
微信二维码

厦门大学出版社
微博二维码

食医结合

中国的烹饪技术，与医疗保健有密切的联系，几千年来一直就有『医食同源』和『药膳同功』的说法，利用食物原料的药用价值，做成各种美味佳肴，达到对某些疾病防治的目的。

厦门市第一人民医院
—XIAMEN NO.1—
PEOPLE'S HOSPITAL

诚信　博爱　勤勉　创新

站内信息搜索　全部　　大家正在搜：高血压

二维码关注我院

| 网站首页 | 医院概况 | 医院动态 | 就医指南 | 护理天地 | 医院文化 | 健康常识 | 人才招聘 | 互动交流 |

厦门市医疗工作者会议在酒都剧场隆重举行

文章来源：本站原创 发布时间：2017年10月29日 点击数：1368 次

>> 查看全文 <<

📢 一句话简报："医保、新农合报销范围和比例"将近期作出调整　2017-08-06　　　今天是：2017年10月13日　星期一　厦门 🌧 阵雨 18℃～13℃

新闻中心　News Center

 本院积分制员工快乐会议

· 厦门市未成年人心理学专委会2017年第二次会议召开
　　　　　　　　　　　　　　　　　　　　　[详细]

· 勤念"紧箍咒"筑牢"防火墙"　　　　　　　2017-9-23
· 我院顺利完成2017年医院感染现患病率调查工作　2017-8-23
· 八十载耕耘 甘当人民健康忠诚卫士　　　　2017-7-23
· 心理健康 社会和谐　　　　　　　　　　　2017-6-23
· 厦门市未成年人心理学专委会2017年第二次会议召开　2017-5-23

>> 更多

公告信息　Announcement

· 前埔院区整体搬迁灌口工程可行性研究报告采购项目竞争磋商采购公告
　　　　　　　　　　　　　　　　　　　　　[详细]

· 厦门市第一人民医院生物反馈治疗仪采购项目竞争性谈判成交公告　2017-8-23
· 厦门市第一人民医院电脑仿生仪采购项目竞争性谈判成交公告　2017-7-23
· 厦门市第一人民医院电脑仿生仪第二次采购公告　2017-6-23
· 厦门市第一人民医院电脑仿生仪采购公告　2017-5-23
· 厦门市第一人民医院2017年春季招聘公示　2017-4-23

>> 更多

科室导航　Patient Service

| 所有科室 | 肾内科 | 心理科 | 放射科 | 检验科 | 精神康复科 |
| 超声诊断科 | 内一科 | 外科 | 骨科 | 内二科 | 普通精神科 |

视频展播　Video Exhibition

01:17　　00:13

专家团队　Experts

杨仪和	周华天	白传	聂晓明	曾英旭
院党总支书记、院长	主任医师	副主任医师	副主任医师	主治医师
综合医疗科	综合医疗科	综合医疗科	综合医疗科	综合医疗科

留言咨询　Message

请输入您要咨询的内容...

我要留言　　　查看全部

指导单位　 国家卫计委　 中国卫生人才网　 国家医考网　 好医生 www.haoyisheng.com　 厦门市卫生网　 厦门市民政局 XIAMEN MUNICIPAL BUREAU OF CIVIL AFFAIRS

厦门市第一人民医院
—XIAMEN NO.1—
PEOPLE'S HOSPITAL

前　言

在平面设计领域,Photoshop 早已成为专业设计师必不可少的创作工具。随着计算机和医疗的发展,设计分工越来越细,医学 Photoshop 平面设计需求越来越大。

目前许多医学院校的医药、卫生信息管理等相关专业都开设平面设计课程。在掌握了 Photoshop 基础知识之后,能够应用 Photoshop 处理相关素材,设计医疗广告,进行药品和化妆品的包装设计以及医疗网站和 App 的设计,此类毕业生在就业市场非常受欢迎。近年来,国内有关 Photoshop 设计的教材很多,但针对医学院学生的平面设计教材几乎没有,因此作者根据多年的 Photoshop 教学经验,编写了这样一部针对医学院学生的 Photoshop 平面设计专门应用型教材。

鉴于此,有必要将医学 Photoshop 平面设计课程教材向全国医类院校推广,使医学院校学生能够采用有针对性的平面设计教材来教学。

作者在医学院平面设计领域有丰富的教学经验。本书内容是作者多年教学经验的总结,涉及的内容比较全面,编排循序渐进,结构合理;讲解细致,条理清楚;通俗易懂,专业性强。本书巧妙地将要涉及的教学重点融入课程范例中,所选范例也经过多年的教学调整,尽可能由浅到深地逐步介绍 Photoshop 的相关知识,使读者在学习中不感到枯燥无味,不知不觉中掌握课程的知识重点。

本书从初学者的角度入手,抛开传统的菜单式介绍方式,在介绍完基础知识之后,直接上手制作完整作品,将要介绍的知识融入范例中,每章的课程范例实用、完整、专业。

本课程全都是通用的 Photoshop 内容,避开了 Photoshop 版本的限制,使得教材的使用寿命更长久。

本课程教学参考课时控制在 72 课时左右,教学分六大部分内容：

　　基础知识部分，教学参考课时约 4 课时；

　　抠图部分，教学参考课时约 8 课时；

　　素材处理部分，教学参考课时约 6 课时；

　　医疗广告设计部分，教学参考课时约 16 课时；

　　药品和化妆品包装设计部分，教学参考课时约 18 课时；

　　医疗网站设计部分，教学参考课时约 20 课时。

　　建议读者使用高版本软件练习书中的案例，书中案例均在 Photoshop CS3 中完成，但 95％以上的内容均可以通过低版本的 Photoshop 实现。

　　本书配套光盘中的案例制作视频由厦门医学院 2018 级卫生信息管理专业学生陈岳焕、饶羽婷、易鸿辉、魏翊如、邓子英、邓紫承、李秋敏录制，特此感谢！

　　本书部分案例临摹了网络上收集的设计稿，仅为学习分享技法之用，出处无法一一核实，谨向原作者致以谢意并请予以理解，谢谢。

作者

2018 年 8 月

目　录

第 1 章　初识 Photoshop

本章内容：
- 🖥 关于图像的基础知识
- 🖥 文件的基本操作
- 🖥 图像的显示控制
- 🖥 关于颜色的设置
- 🖥 使用辅助工具

1.1　关于图像的基础知识

计算机图形分为位图图像和矢量图形两种类型。平时所说的"图形图像"实际上就包含了这两种类型。相应地，设计软件也可以分为两类。由于 Photoshop 擅长处理位图图像，因此，它属于位图图像处理软件。随着版本的不断升级，Photoshop 对矢量图形的处理能力也在不断增强，功能也越来越完善。

了解图像类型的分类，以及与此相关的分辨率、格式等概念，可以更好地选择设计软件及处理文件的方式，制作出完美的设计作品。

本节将介绍图像处理的基本概念，包括图像的类型、色彩模式、分辨率以及常见格式。

🖊 1.1.1　图像的两种类型

如前所述，根据数据处理技术的不同，计算机图形主要分为两大类：位图图像和矢量图形。Photoshop 和 ImageReady 可以同时处理这两种类型的图形，而且 Photoshop 文件既可以包含位图数据，也可以包含矢量数据。

位图图像在技术上也称为栅格图像，使用像素来表现图像。放大图像的显示比例后，可以发现位图图像是由彩色网格组成的，每个格点就是一个像素，每个像素都具有特定的位置和颜色值。处理位图图像时，编辑的实际是像素，而不是对象或形状。连续色调图像（如照片或数字绘画）经常使用位图图像，因为它可以表现阴影和颜色的细微层次。

单位尺寸内的像素数称为分辨率（通常采用 ppi 表示，即每英寸上的像素数），因此位图图像与分辨率有关。分辨率越大，图像越清晰，存储时的文件尺寸也越大。如果在屏幕上对位图图像进行放大，或以低于创建时的分辨率来打印，将会出现锯齿状。例如，图 1-1 中的选区以 10∶1 的比例显示时,可以清楚地观察到该位置的像素马赛克。

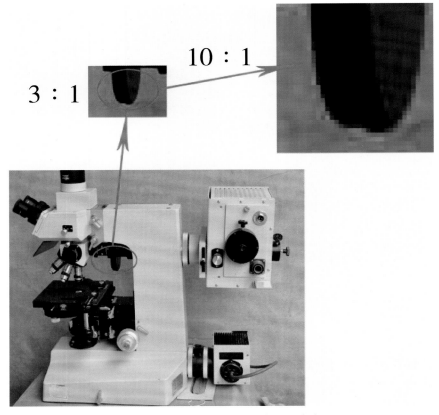

图 1-1 位图图像放大显示出现马赛克

矢量图形由数学定义的矢量线条和曲线组成。由于不是采用像素的方式,因此矢量图形与分辨率无关。可以将其缩放到任意尺寸,或按任意分辨率打印,它始终能够保留清晰的线条。因此,矢量图形是制作标志图形(如徽标)的最佳选择。

1.1.2 色彩模式与色域

颜色使图像充满了生机与灵气。对于图像设计者、画家、艺术家或者视频制作者来说,创建完美的颜色是至关重要的。

Photoshop 中包含几种不同的色彩模式,如 HSB、RGB、CMYK 和 Lab 等模式。每种色彩模式都使用不同的方式描述和分类颜色,但所有的色彩模式都使用数值表示颜色。

> Tips:
> 在 Photoshop 中工作时,无论当前使用什么工具,只要将光标指向图像的任意位置,在"信息"面板中就可以显示出该位置的颜色值,并且用户可以指定以 HSB、RGB、CMYK、Lab 或灰度中的任意一种色彩模式来显示。

1. 常见的色彩模式

（1）RGB 模式

RGB 模式又称三基色，属于自然色彩模式，其模型如图 1-2 所示。这种模式是以 R（Red，红）、G（Green，绿）、B（Blue，蓝）三种基本色为基础，进行不同程度的叠加，从而产生丰富而广泛的颜色，所以又叫加色模式。由于红、绿、蓝每一种颜色可以有 0～255 的亮度变化，所以可以表现出约 1680 万（256×256×256）种颜色，是应用最为广泛的色彩模式。各参数取值范围为：R，0～255；G，0～255；B，0～255。

所有的扫描仪、显示器、投影设备、电视、电影屏幕等都依赖于这种加色模式。但是，这种模式的色彩超出了打印色彩的范围，因此，输出后颜色往往会偏暗一些。

（2）CMYK 模式

CMYK 模式又称印刷四分色，也属于自然色彩模式，其模型如图 1-3 所示。该模式是以 C（Cyan，品蓝）、M（Magenta，品红）、Y（Yellow，品黄）、K［blacK，黑色。为区别于 Blue（蓝色），所以用 K 表示］为基本色。

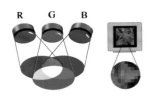

图 1-2　RGB 模型

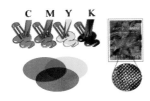

图 1-3　CMYK 模型

CMYK 模式又称减色模式，它表现的是白光照射到物体上，经物体吸收一部分颜色后反射而产生的色彩。例如，白光照射到品蓝色的印刷品上时，我们之所以能看到它是品蓝色，是因为它吸收了其他颜色而反射品蓝色。

在实际应用中，品蓝、品红、品黄三种颜色叠加很难产生纯黑色，因此，这种模式中引入了黑色（K）以表现真正的黑色。

CMYK 色彩模式被广泛应用于印刷、制版行业。各参数取值范围为：C，0%～100%；M，0%～100%；Y，0%～100%；K，0%～100%。

（3）HSB 模式

该模式用 H（Hue，色调）、S（Saturation，饱和度）和 B（Brightness，亮度）三个基本属性来描述颜色，其模型如图 1-4 所示。

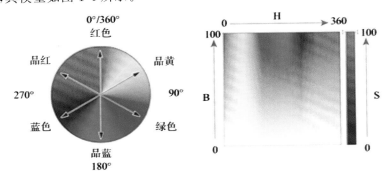

图 1-4　HSB 模型

色调是指白光经过折射或反射后产生的单色光谱,即纯色,它组成了所有的可见光谱,并用 360°的色轮来表现。例如,红色在 0°,品黄色在 60°,绿色在 120°,品蓝色在 180°,蓝色在 240°,品红色在 300°等,依此类推。

饱和度描述色彩的浓淡程度。各种颜色的最高饱和度为该颜色的纯色,最低饱和度为灰色,白色、黑色没有饱和度。

亮度描述色彩的明亮程度。当亮度为 0 时,无论是什么颜色都将表现为黑色。各参数取值范围为:H,0°~360°;S,0%~100%;B,0%~100%。

虽然 RGB 和 CMYK 是电脑绘图和打印的重要色彩模式,但是许多设计者仍然习惯使用 HSB 模式,因为 RGB 和 CMYK 模式都不是十分直观。

（4）Lab 模式

不同的显示器或印刷机由于性能的差异,表现的 RGB 颜色或 CMYK 颜色可能会存在一些差别,因此,为了使颜色衡量标准化,1931 年国际照明委员会(CIE)公布了一种不依赖于设备的色彩模式,即 Lab 模式,后来在 1976 年又重新修订。它既可以用来描述打印的色调,又可以用来描述从显示器中发出的色调。

Lab 模式由亮度或其明度分量(L)和两个色度分量组成,其中,L 的取值范围为 0~100;色度分量 a 的取值范围为 −128~127,表示颜色从绿色到灰色,再到红色;色度分量 b 的取值范围为 −128~127,表示颜色从蓝色到灰色,再到黄色。其模型如图 1-5 所示。

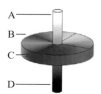

A. 亮度为100（白色）
B. 绿色到红色成分
C. 蓝色到黄色成分
D. 亮度为0（黑色）

图 1-5　Lab 模型

Lab 模式是 Photoshop 在不同的色彩模式之间转换时使用的内部色彩模式,因为它的色域包括了 RGB 和 CMYK 的色域。

除了常见的色彩模式之外,Photoshop 还包括另外一些特别的色彩模式,如位图模式、灰度模式、双色调模式、索引色彩模式和多通道模式等。

2. 色域与溢色

色域是指一种色彩模式中可以显示或打印的颜色范围。

在 Photoshop CS 所使用的各种色彩模式中,Lab 模式具有最宽的色域,包括 RGB 和 CMYK 色域中的所有颜色,如图 1-6 所示。RGB 模式的色域比 CMYK 模式的色域更大一些,因此用户在显示器屏幕上所看到的一些颜色是不能被打印出来的。当 RGB 模式中的某种颜色超出了 CMYK 模式的色域时,将其称为"溢色"。由于溢色部分不能被正确打印,因此往往以最接近溢色的颜色来代替。

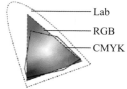

图 1-6　色域示意图

在"拾色器"对话框中,如果使用 RGB、HSB 和 Lab 模式选择颜色,当选择了不能正确打印的颜色时,在颜色指示器的右侧将出现一个惊叹号标志 ⚠ ,表示该颜色为溢色。

1.1.3　分辨率、图像尺寸与文件大小

学习 Photoshop 之前,应该正确理解分辨率、图像尺寸和文件大小这几个概念,它们对于后面的操作极其重要,直接关系到设置图像的正确与否。

1. 分辨率

分辨率是一个非常重要的概念。在 Photoshop 中,要分清图像的分辨率、屏幕分辨率和打印机分辨率。

(1)图像分辨率

在位图图像中,图像的分辨率是指单位长度上的像素数,习惯上用每英寸中的像素数来表示(即 pixels per inch,简写为 ppi)。相同尺寸的图像,分辨率越高,单位长度上的像素数越多,图像越清晰;分辨率越低,单位长度上的像素数越少,图像越粗糙。

在 Photoshop 中,图像的分辨率和图像尺寸是相互依存的。例如,分辨率为 72 ppi 时,1 英寸×1 英寸的图像总共包含 5184 像素(72 像素宽×72 像素高＝5184)。同样是 1 英寸×1 英寸,但分辨率为 300 ppi 的图像总共包含 90000 像素,所以高分辨率的图像通常比低分辨率的图像表现出更精细的颜色变化。

(2)屏幕分辨率

屏幕分辨率是指在显示器屏幕上单位长度显示的像素数。通常个人计算机的显示器分辨率是 96 ppi,苹果机的显示器分辨率是 72 ppi。在 Photoshop 中,图像的像素是直接转换为显示器像素的。因此,72 ppi、1 英寸×1 英寸的图像在 72 ppi 的显示器上显示为原大小;但是 144 ppi、1 英寸×1 英寸的图像在 72 ppi 的显示器上则显示为 2 英寸×2 英寸。

(3)打印机分辨率

打印机分辨率是指输出图像时单位长度上的油墨点数,通常以 dpi 表示。大多数桌面激光打印机的分辨率为 600 dpi,而照排机的分辨率为 1200 dpi 或更高。大多数喷墨打印机的分辨率为 300～600 dpi。但是,喷墨打印机产生的是喷射状油墨点,而不是真正的点。

一般地,图像的质量取决于图像自身的分辨率及打印机的分辨率,而与显示器的分辨率无关。

2. 图像尺寸

图像尺寸是指图像的实际长度与宽度,也就是图像的实际输出尺寸,它与图像在显示器上显示的尺寸无关。图像在屏幕上的显示尺寸受到多种因素的影响,如图像分辨率、显示器大小以及显示器分辨率等。

图像尺寸可以根据不同的用途采用各种单位来度量,如像素、英寸、厘米、毫米等。

3. 文件大小

文件大小是指图像文件所占据的存储空间大小。度量单位是千字节(kB)、兆字节(MB)或吉字节(GB)。文件大小与图像尺寸、分辨率成正比。在图像尺寸一定的情况下,分辨率越高,它所需的磁盘空间就越大,并且编辑与打印速度较慢;同样,在分辨率一定的情况下,图像尺寸越大,它所需的磁盘空间也就越大。

同一幅图像,色彩模式不同,占据的磁盘空间也不同。灰度图像中的每一个像素由一字节的数值来表示;RGB 模式图像中的每一个像素由三字节的数值来表示;CMYK 模式图像中的每一个像素由四字节的数值来表示。所以,一幅 100 像素×100 像素的图像,在不同的色彩模式下其文件大小也不同。

灰度图:$100 \times 100 \times 1 = 10000$ B$\approx$10 kB

RGB 图:$100 \times 100 \times 3 = 30000$ B$\approx$30 kB

CMYK 图:$100 \times 100 \times 4 = 40000$ B$\approx$40 kB

在 Photoshop CS 中,可以支持的最大文件大小为 2 GB,最大图像尺寸为 30000 像素 $\times$ 30000 像素。

1.1.4 图像的常见格式

处理图形图像时要随时对文件进行存储,以便再打开修改或调到其他的图像软件中进行编辑,这就需要将图像存储为正确的图像格式。Photoshop 支持多种图像格式,在存储时要合理选择图像格式。下面介绍一些常见的图像格式。

1. PSD 格式

它是 Adobe 公司开发的专门用于支持 Photoshop 的默认文件格式,其专业性较强,支持所有的图像类型,但其他图像软件不能读取该类文件。此格式的图像文件能够精确保存图层与通道信息,但占据的磁盘空间较大。

2. JPEG 格式

它是应用最广泛的一种可跨平台操作的压缩格式文件,其最大的特点是压缩性很强。它采用的是"有损"压缩方案,因此,在生成 JPEG 文件时,建议选择 Maximum 选项,以保证图像的质量。

3. TIFF 格式

它是 Aldus 公司为苹果机设计的图像文件格式,可跨平台操作,多用于桌面排版、图形艺术软件。它支持 LZW 无损压缩方式,可保存 Photoshop 通道信息。

4. GIF 格式

它是 CompuServe 公司开发的一种压缩 8 位图像的工具。GIF 文件主要用于网络传输、主页设计等,它采用的也是 LZW 无损压缩方案,但只能支持 256 种颜色。

5. PNG 格式

PNG 格式是作为 GIF 格式的无专利替代品开发的,用于在万维网上无损压缩和显示图像。与 GIF 不同,PNG 支持 24 位图像并产生无锯齿状边缘的背景透明效果。但是有些 Web 浏览器不支持 PNG 格式的图像。

6. TGA 文件

它是 True Vision 公司创建的、可跨平台操作、支持 32 位图像色彩的一种图像格式,可保存 Photoshop 通道信息,应用比较广泛。

7. BMP 文件

它是 Microsoft 公司开发的一种 Windows 下的标准图像文件格式,最适合处理黑白图像文件,清晰度很高。另外,BMP 文件可跨平台操作,还可以设置 RLE 方式压缩文件。

8. PCX 文件

它是 Zsoft 公司设计的一种能跨平台操作的 PC 位图格式,早期的 DOS 绘图程序多使用这种格式的图像文件,现在很少有人问津。Photoshop 支持 PCX 文件。

9. PDF 格式

该格式是 Adobe 公司开发的一种便携文本格式,是一种基于 PostScript 语言、跨平台的电子出版物格式。PDF 格式可以精确地显示字体、页面格式、位图与矢量图以及插入超级链接，它是目前电子出版物最常用的格式。在 Photoshop 中图像可以存储为 PDF 格式，但是只能得到一个单独的页码。

10. EPS 格式

该格式用 PostScript 语言描述图像。PostScript 语言是激光打印机语言的标准，对于 EPS 格式的图像，所有支持 PostScript 语言的打印机都可以高精度地打印它。EPS 格式可以同时包含矢量图形和位图图像，并且几乎所有的图形、图表和页面排版程序都支持该格式。该格式多用于应用程序之间传递 PostScript 语言图片。

11. Raw 格式

Raw 格式是一种灵活的文件格式，用于应用程序与计算机平台之间传递图像。这种格式支持具有 Alpha 通道的 CMYK 模式、RGB 模式和灰度图像，以及无 Alpha 通道的多通道模式的图像和 Lab 模式的图像。

12. Filmstrip 格式

Filmstrip 格式用于由 Adobe Premiere 创建的 RGB 动画或影片文件。如果在 Photoshop 中对 Filmstrip 文件调整大小、重定像素、删除 Alpha 通道、更改色彩模式或文件格式，则不能将其存储回 Filmstrip 格式。

1.2　Photoshop 工作界面

Photoshop 工作区域的布置方式非常有助于用户集中精力创建和编辑图像。启动 Photoshop 后出现的窗口称为软件窗口，该窗口中包含标题栏、菜单栏、工具选项栏、工具箱、控制面板和状态栏，用户可以打开一个或多个图像窗口，如图 1-7 所示。

图 1-7　Photoshop 工作界面

1.2.1 菜单栏的使用

菜单栏中包含执行各种操作的菜单命令,这些菜单命令是按主题进行组织的。例如,"图层"菜单中包含了用于处理图层的命令,"选择"菜单中包含了与选择有关的各种操作命令。

Photoshop CS 的菜单栏和标准 Windows 程序的菜单栏相似,包含了程序的大部分操作。用户执行菜单命令时,可以采用以下三种方式:

一是单击菜单栏中的菜单命令。

二是使用热键执行菜单命令。例如要执行"填充"命令,可以先按下"Alt＋E"键打开"编辑"菜单,然后再按下"填充"命令的热键 L 键。

三是使用快捷键执行菜单命令。大部分菜单命令都有快捷键,使用快捷键执行菜单命令是最快速的一种方法。例如,按下"Ctrl＋L"键执行"色阶"命令,按下"Ctrl＋N"键执行"新建"命令。

1.2.2 工具箱的使用

Photoshop CS 的工具箱中提供了所有用于图像绘制与编辑的工具,共有 56 个工具,这 56 个工具又分成若干组,排布在工具箱中。使用 Photoshop 处理图像也就是使用这些工具对图像进行编辑,借助工具箱中的工具可以完成选择、绘画、绘制、取样、编辑、移动、注释和查看图像,或者更改前景色/背景色,在不同的模式下工作以及在 Photoshop CS 和 ImageReady CS 之间跳转。

第一次启动 Photoshop CS 时,工具箱位于屏幕的左侧。拖动工具箱的标题栏可以将其停放在工作窗口中的任意位置。单击菜单栏中的"窗口"|"工具"命令,可以显示或隐藏工具箱。

将光标指向工具箱中的任意一个工具图标上,稍微停顿一会儿,将出现该工具的名称和快捷键,如图 1-8 所示。

按以下方法可以选择所需的工具:

一是将光标指向工具图标后单击鼠标将其选择。

二是直接按下工具快捷键,可以选择该工具。

三是如果要选择隐藏工具,则在含有隐藏工具的按钮上按下鼠标左键,移动光标到所需的工具上释放鼠标,可以选择隐藏工具,如图 1-9 所示。

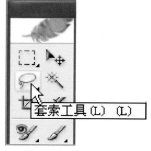

图 1-8 工具提示

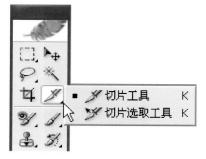

图 1-9 选择隐藏工具

Tips：

　　工具箱中有些工具按钮的右下角带有一个黑色的三角图标，表示该工具组含有隐藏工具。按住 Alt 键的同时单击含有隐藏工具的按钮，或者按住 Shift 键反复按相应工具的快捷键，可以循环选择隐藏工具。

　　选择了一种工具后，将光标移动到图像窗口中，光标将发生相应的变化。大部分工具的光标形状与工具图标是相匹配的。例如，选框工具的光标显示为"＋"形状，文字工具的光标显示为"I"形状，绘画工具的光标显示为画笔大小。

　　如果要修改光标的外观，可以按以下步骤进行操作：

　　(1)单击菜单栏中的"编辑"｜"预置"｜"显示与光标"命令，则弹出"预置"对话框，如图 1-10 所示。

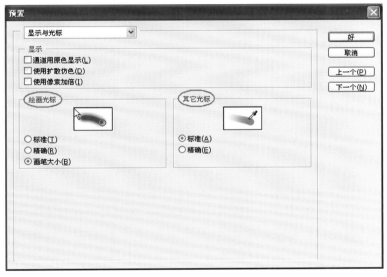

图 1-10　"预置"对话框

　　(2)绘画光标包括画笔、铅笔、钢笔等工具的光标，其他光标包括吸管、套索等工具的光标。可以设置它们各自的光标外观：

　　①选择"标准"选项时，光标显示为相应的工具图标。

　　②选择"精确"选项时，光标显示为细十字状。

　　③选择"画笔大小"选项时，绘画工具的光标显示为当前画笔的大小。

　　(3)设置好选项后单击　**好**　按钮，即可更改光标的外观。

Tips：

　　要使光标在图标状与细十字状之间进行切换，可以反复按 Caps Lock 键。

1.2.3 工具选项栏的使用

这是 Photoshop 的重要组成部件,使用任何工具前都要在工具选项栏中对其参数进行设置。Photoshop CS 工具选项栏的最右端是面板窗。默认情况下,面板窗中只有"画笔""工具预设"和"图层复合"三个标签,实际上任何一个控制面板都可以"泊"在这里,图 1-11 所示为魔棒工具选项栏。

图 1-11　魔棒工具选项栏

通常情况下,工具选项栏位于图像窗口的上方,实际上也可以将它置于图像窗口的下方:将光标指向工具选项栏最前端的竖条上,按住鼠标左键可将其拖动至目标位置。双击工具选项栏前端的竖条,可以使其最小化,再次双击可以恢复到原来的状态。单击菜单栏中的"窗口"|"选项"命令,可以隐藏或显示工具选项栏。

1.2.4 控制面板的使用

控制面板是 Photoshop 的重要组成部分,使用它们可以极大地提高工作效率。例如,"颜色"面板和"色板"面板提供了除拾色器之外的设置颜色的方法,用户不必打开"拾色器"对话框就可以设置前景色或背景色。

默认情况下,控制面板是成组出现的,并且以标签来区分。在处理图像的过程中,可以自由地移动、展开、折叠控制面板,也可以显示或隐藏控制面板。

1. 显示与隐藏

单击"窗口"菜单中相应的命令,可以显示或隐藏控制面板。

编辑图像时,暂时不用的控制面板可以将其隐藏,需要时再调出来。单击控制面板右上角的最小化按钮█或双击面板的标签,可使之呈最小化状态;单击关闭按钮█,可关闭该控制面板组。

> Tips:
> 重复按 Tab 键,可以显示或隐藏控制面板组、工具箱及工具选项栏。重复按"Shift＋Tab"键,可显示或隐藏控制面板组。

2. 调整大小

如果控制面板的右下角呈 ▦ 状,表示该控制面板的大小可以进行调整,将光标指向面板的四边或四角,当光标变为双向箭头时拖动鼠标,可以改变面板的大小。

3. 拆分与组合

控制面板组可以自由拆分或组合:将光标指向面板的标签,按住鼠标左键拖动可以将该面板移到面板组外,即拆分面板组;将面板拖动到另一个面板组中,即可重新组合面板组,如图 1-12 所示。

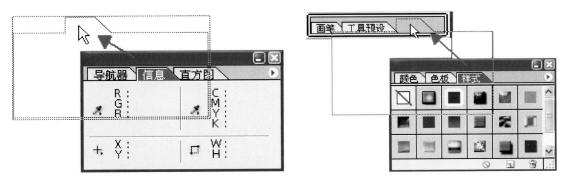

图 1-12　面板的拆分与组合

4. 面板菜单

每个面板组的右上角都有一个三角形按钮 ▶，单击它可以打开相应的面板菜单，该面板的所有操作命令都包含在面板菜单中，如图 1-13 所示。

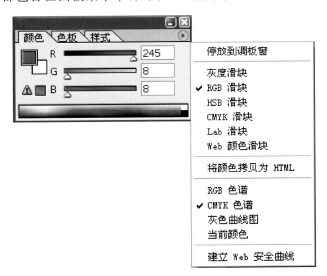

图 1-13　面板菜单

5. 使用面板窗

在 Photoshop CS 所有的控制面板中，其面板菜单中都增加了一个"停放到调板窗"命令，执行该命令，可以使浮动的控制面板"泊"到工具选项栏的右侧，从而留出更多的工作空间供设计使用。在面板窗中单击面板标签，可以弹出相应的控制面板，再次单击面板标签或在面板之外单击鼠标，则隐藏该控制面板。

Tips：

只有当屏幕分辨率大于 800 像素×600 像素（建议至少设置为 1024×768）时才能使用面板窗。

如果调整控制面板时不合理，想恢复到默认状态，可以单击菜单栏中的"窗口"｜"工作区"｜"复位调板位置"命令。

1.2.5　状态栏的使用

当新建或打开图像文件以后，有关图像的文件大小及其他信息将显示在状态栏上。状态栏可分为三部分，依次为显示比例、文件信息、提示信息。其中，显示比例用于显示当前图像缩放的百分比；文件信息部分用于显示当前图像的有关信息；提示信息部分显示了所选工具的操作信息，如图 1-14 所示。

图 1-14　状态栏

双击左侧的百分比，可以直接输入数字改变图像的显示比例。

在状态栏中间的文件信息部分按住鼠标左键，将显示当前图像输出时在纸张上的位置，带交叉线的矩形表示图像打开时的大小和位置，外侧的大矩形表示纸张的大小。

如果按住 Alt 键的同时再用鼠标左键按住状态栏的中间部分，将显示当前图像的高度、宽度、通道和分辨率等相关信息，如图 1-15 所示。

图 1-15　图像的相关信息

在状态栏中单击黑色的三角图标，可以出现一个选项菜单，各菜单项的意义如下：

（1）"文档大小"：显示有关图像数据量的信息。左边的数字表示图像的打印大小，它近似于以 PSD 格式拼合后存储的文件大小；右边的数字表示文件的近似大小，包括图层和通道。

> Tips：
> 这里显示的文档大小与实际存盘的文件大小有一些出入，这仅是一个参考数值。因为在存盘的过程中还要进行压缩或附加信息的处理。

（2）"文档配置文件"：显示图像使用的颜色配置文件的名称。

（3）"文档尺寸"：显示图像的尺寸大小。

（4）"暂存盘大小"：显示用于处理图像的内存和暂存盘的有关数量信息。左边的数字表示处理当前图像所占用的内存量，右边的数字表示可用于处理图像的总内存数量。

（5）"效率"：以百分数的形式来表示图像的可用内存大小。

(6)"计时":显示上一次操作所使用的时间。

(7)"当前工具":显示当前正在使用的工具。

1.3 文件的基本操作

文件的基本操作是任何一个应用软件都要使用的功能。本节主要介绍图像文件的基本操作,包括新建、打开、关闭和保存文件等。

1.3.1 新建与打开文件

新建文件时需要根据设计需求合理设置文件名称、宽度、高度、分辨率及背景颜色等内容。打开文件是将已存储在磁盘上的图像文件重新打开,以继续进行编辑和修改。

1. 新建文件

启动 Photoshop 后,系统并不产生一个默认的图像文件,所以,设计图像作品时必须从新建文件开始。

新建图像文件的基本操作步骤如下:

(1)单击菜单栏中的"文件"|"新建"命令,或按下"Ctrl+N"键,则弹出"新建"对话框,如图 1-16 所示。

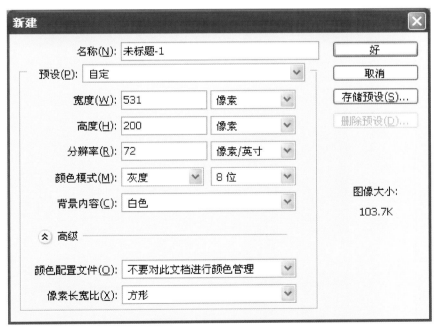

图 1-16 "新建"对话框

(2)在对话框中设置文件的相关选项。

①在"名称"文本框中输入文件的名称,系统的默认名称为"未标题-1"。

②在"预设"下拉列表中可以选择系统预设的图像尺寸,如果需要自定义图像尺寸,可以

选择"自定"选项,然后在"宽度"和"高度"文本框中输入图像的宽度和高度值,并选择合适的尺寸单位。

③在"分辨率"选项中确定图像的分辨率。通常情况下,设计印刷品时分辨率不能低于300 ppi;如果是设计网络图像,分辨率设置为72 ppi。

④在"颜色模式"下拉列表中选择图像的色彩模式。一般地,设计图像时使用 RGB 模式,最后再转换为 CMYK 模式进行输出。

⑤在"背景内容"选项中确定图像中背景层的颜色,可以设置为白色、背景色或透明。

⑥"像素长宽比"选项默认值为"方形",如果要为视频或影片制作新建文件,应当选择其他非方形比例。

(3)单击 **好** 按钮,则建立了一个新的图像文件。

> Tips:
> 按住 Ctrl 键的同时双击工作区,也将弹出"新建"对话框。

2. 打开文件

如果要编辑一个已经存在的图像文件,则需要打开该文件。打开图像文件的基本操作步骤如下:

(1)单击菜单栏中的"文件"|"打开"命令,或者按下"Ctrl+O"键,则弹出"打开"对话框,如图 1-17 所示。

图 1-17 "打开"对话框

（2）在"查找范围"下拉列表中选择图像文件所在的位置。

（3）在"文件类型"下拉列表中选择要打开的文件类型。

（4）在文件列表中选择要打开的图像文件。

（5）单击 **打开(O)** 按钮，则打开所选的图像文件。

在 Photoshop CS 的"文件"菜单中还有一个"最近打开文件"命令，该命令的子菜单中记录了最近打开过的图像文件名称，默认情况下可以记录 10 个最近打开的文件，用户也可以通过基本参数修改数值，范围是 0～30。单击其中的任意一个文件名称，可以打开相应的图像文件。

1.3.2 关闭与保存文件

图像文件经过编辑和修改后，应当及时保存并关闭文件，以免发生突然断电等意外而造成不可挽回的损失。

1. 关闭文件

关闭文件有两种方式：一是单击菜单栏中的"文件"|"关闭"命令或"关闭全部"命令，二是单击图像窗口标题栏右侧的关闭按钮 ⊠ 。如果图像尚未存盘，将弹出一个警告框询问是否存盘，如图 1-18 所示。

图 1-18　关闭未保存的文件时出现的对话框

单击 **是(Y)** 按钮，如果从未保存过该文件，将弹出"存储为"对话框，要求输入文件名进行存储；如果是已经保存过的文件，将直接存储并关闭图像窗口。

单击 **否(N)** 按钮，将直接关闭文件，但不进行存储。

单击 **取消** 按钮，将取消关闭操作，并返回 Photoshop 工作环境。

2. 存储文件

在处理图像的过程中，一定要养成及时保存文件的好习惯。其实，不论使用什么软件，都应该注意及时保存文件。

Photoshop CS 为保存图像文件提供了三种形式：

（1）单击菜单栏中的"文件"|"存储"命令，或者按下"Ctrl＋S"键，可以保存图像文件。如果是第一次执行该命令，将弹出"存储为"对话框用于保存文件，如图 1-19 所示。

（2）单击菜单栏中的"文件"|"存储为"命令，或者按下"Shift＋Ctrl＋S"键，可以将当前编辑的文件按指定的格式换名存盘，当前文件名将变为新文件名，原来的文件仍然存在。

（3）单击菜单栏中的"文件"|"存储为 Web 所用格式"命令，可以将图像文件保存为网络图像格式，并且可以对图像进行优化。

图 1-19 "存储为"对话框

1.4 图像的显示控制

图像的显示控制操作是图像处理的过程中使用比较频繁的操作,主要包括图像的缩放、查看图像的不同位置、窗口布局等操作。

1.4.1 图像的缩放

在图像编辑过程中,经常需要将图像的某一部分进行缩小或放大,以便于操作。缩小或放大图像时,窗口的标题栏和底部的状态栏中将显示缩放百分比。

在 Photoshop 中,图像的缩放方式有以下几种:

(1)选择工具箱中的 工具,将光标移动到图像上,则光标变为 形状,每单击一次鼠标,图像将放大一级,并以单击的位置为中心显示。当图像放大到最大级别时将不能再放大。按住 Alt 键,则光标变为 状,每单击一次鼠标,图像将缩小一级。当图像缩小到最大缩小级别时(在水平和垂直方向只能看到 1 个像素)将不能再缩小。

(2)选择工具箱中的 工具,在要放大的图像上拖动鼠标,这时将出现一个虚线框,释放鼠标后虚线框内的图像将充满窗口,如图 1-20 所示。

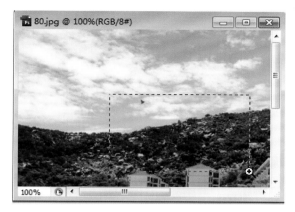

图 1-20 虚线框

(3)在工具箱中双击 🔍 工具,则图像以 100％比例显示。

Tips:

任何情况下按下"Ctrl＋空格键",光标都将变为 ⊕ 形状;按下"Alt＋空格键",光标将变为 ⊖ 形状。

1.4.2 图像的查看

图像被放大后,图像窗口不能将全部图像内容显示出来。如果要查看图像的某一部分,就需要进行相应的操作。

查看图像有如下几种方法:

(1)选择工具箱中的 ✋ 工具,将光标移动到图像上,当光标变为 ✋ 形状时拖动鼠标,可以查看图像的不同部分,如图 1-21 所示。

图 1-21 查看图像

（2）拖动图像窗口上的水平、垂直滚动条可以查看图像的不同部分。

（3）按下键盘中的 Page Up 或 Page Down 键，可以上下滚动图像窗口查看图像。

（4）如果鼠标是滚轮鼠标，推动中间的滚轮可以方便地查看图像的不同部分。

> Tips：
>
> 任何情况下按下空格键，光标都将变为 🖐 形状，此时拖动鼠标可查看图像的不同部分。

1.4.3 改变图像窗口的显示模式

在 Photoshop 中，图像在屏幕上有三种显示状态：标准屏幕模式、带有菜单栏的全屏模式和全屏模式。单击工具箱下方的屏幕控制按钮，可以控制图像的显示状态，如图 1-22 所示。反复按下键盘中的 F 键，可以在三种显示状态之间进行切换。

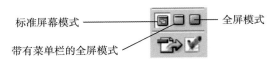

图 1-22　屏幕控制按钮

（1）标准屏幕模式：这是默认的屏幕模式，窗口中有标题栏、菜单栏、图像窗口的标题栏等。

（2）带有菜单栏的全屏模式：该模式只显示菜单栏，标题栏、图像窗口的标题栏等都隐藏起来。

（3）全屏模式：该模式只显示图像，标题栏、菜单栏、图像窗口的标题栏等都隐藏起来。

这三种模式都显示工具箱、工具选项栏和控制面板，如果要将这些内容都隐藏起来，可以按下 Tab 键。

1.4.4 "导航器"面板的使用

使用"导航器"面板可以方便地缩放与查看图像，这是 Photoshop 中唯一用于控制图像显示与缩放的控制面板。单击菜单栏中的"窗口"|"导航器"命令，可以打开"导航器"面板，如图 1-23 所示。

（1）单击面板底部的放大按钮▲或缩小按钮▲，可以放大或缩小图像。

（2）拖动放大按钮与缩小按钮之间的三角形滑块，可以放大或缩小图像。

（3）在左下角的文本框中输入一个比例数，然后按下 Enter 键，可以按指定的比例放大或缩小图像。

（4）按住 Ctrl 键的同时在面板中的缩略图上拖动鼠标，可以自由指定要放大的图像区域，如图 1-24 所示。

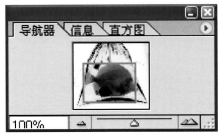 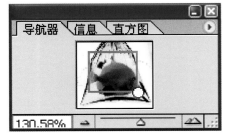

图 1-23　"导航器"面板　　　　　　　　图 1-24　指定要放大的图像区域

（5）在面板中的缩略图上拖动红框，可以查看图像的不同位置（注：红框代表图像窗口的显示区域）。

1.4.5　多窗口操作

在 Photoshop 中进行图像编辑时，经常需要打开多幅图像，这时可以改变窗口布局，对打开的图像进行合理排列。

> Tips：
>
> 虽然可以同时打开多个图像窗口，但是每次只有一个图像窗口可以进行编辑，该窗口称为活动窗口或当前窗口。单击图像窗口的标题栏，可以使该窗口成为活动窗口。

单击菜单栏中的"窗口"|"排列"|"层叠"命令，则打开的图像文件将以相互堆叠的方式排列，如图 1-25 所示。

图 1-25　图像的堆叠排列方式

单击菜单栏中的"窗口"|"排列"|"水平平铺"命令，则打开的图像文件将以平铺的方式排列，如图 1-26 所示。

单击菜单栏中的"文件"|"关闭"命令，或者单击活动窗口标题栏上的 ⊠ 按钮，可以关闭活动窗口。

单击菜单栏中的"文件"|"关闭全部"命令，可以关闭所有打开的图像窗口。

图 1-26　图像的平铺排列方式

1.5　关于颜色的设置

一般情况下,绘制图形、填充颜色或编辑图像时需要先选择颜色。Photoshop 为用户选取颜色提供了多种解决方案,在处理图像作品时要灵活运用。

1.5.1　利用"拾色器"对话框

Photoshop CS 工具箱的下方提供了一组专门用于设置前景色、背景色的色块,如图1-27所示。

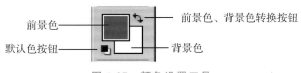

图 1-27　颜色设置工具

（1）单击■按钮,或按下键盘中的 D 键,可以将颜色设置为默认色,即前景色为黑色、背景色为白色。

（2）单击↳按钮,或者按下键盘中的 X 键,可以转换前景、背景的颜色。

（3）单击前景色、背景色色块,则弹出如图 1-28 所示的"拾色器"对话框。在该对话框中,设置任何一种色彩模式的参数值都可以选取相应的颜色,也可以在对话框左侧的色域中单击鼠标选取相应的颜色。

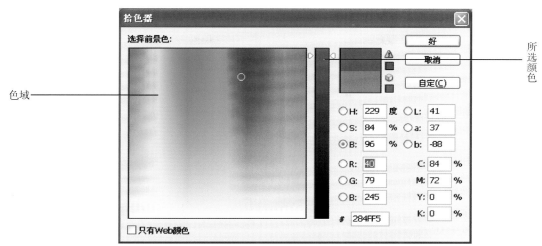

图 1-28　"拾色器"对话框

在"拾色器"对话框中,用户可以设置出 1680 多万种颜色。如果所选颜色旁出现 ⚠ 标识,表示该颜色超出了 CMYK 颜色,印刷输出时其下方的颜色将替代所选颜色;当所选颜色旁出现 ⬡ 标识时,表示该颜色超出了网络所允许的颜色,其下方的颜色将替代所选颜色。设计网页图形时,为确保选取的颜色不超出网络安全色的范围,可以选择"只有 Web 颜色"选项。

在工具箱中设置前景色或背景色的基本操作步骤如下:

(1)单击前景色或背景色色块,打开"拾色器"对话框。

(2)在对话框中选择所需要的颜色。

(3)单击 ＿＿＿好＿＿＿ 按钮,即可将所选颜色设置为前景色或背景色。

1.5.2　利用"颜色"面板

使用"颜色"面板可以方便地选择所需的颜色。单击菜单栏中的"窗口"|"颜色"命令,或者按下 F6 键,可以打开"颜色"面板,如图 1-29 所示。

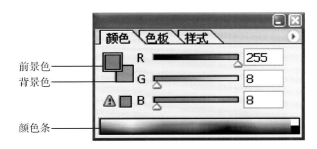

图 1-29　"颜色"面板

在"颜色"面板中可以进行如下操作:

(1)移动三角形的颜色滑块,或在文本框中输入数值,可以选择所需的颜色。

（2）单击前景色、背景色色块可以将其设置为当前颜色，这时该色块周围出现一个黑框，表示它是当前要编辑的颜色，再次单击时便进入了"拾色器"对话框。

（3）将光标移动到颜色条上，光标变为 状，单击鼠标可以选择前景色，按住 Alt 键的同时单击鼠标可以选择背景色。

> Tips：
> 如果要选择纯黑色或纯白色，可以单击颜色条右侧的黑色色块或白色色块。

1.5.3 利用"色板"面板

利用"色板"面板选取颜色是最快捷的一种选色方式，利用它可以非常方便地设置前景色、背景色，并且可以任意添加与删除色板。

单击菜单栏中的"窗口"|"色板"命令，打开"色板"面板，如图 1-30 所示。

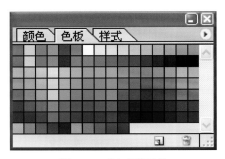

图 1-30 "色板"面板

将光标移动到"色板"面板中的色板上，当光标变为 状时单击所需色板，可以设置前景色；按住 Ctrl 键的同时单击所需色板，可以设置背景色。

1.5.4 使用吸管工具

利用吸管工具可以从图像中吸取颜色作为前景色或背景色。在需要使用邻近的颜色修补图像时，这一功能尤其有用。选择工具箱中的吸管工具 ，在图像窗口中单击鼠标可以设置前景色，按住 Alt 键的同时单击鼠标可以设置背景色。

选择了吸管工具后，在工具选项栏中可以设置相关的选项，如图 1-31 所示。

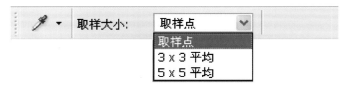

图 1-31 吸管工具选项栏

（1）取样点：选择该项，可以将鼠标单击处像素的颜色作为取样的颜色。

（2）3×3 平均：选择该项，可以将 3 像素×3 像素范围内的颜色平均值作为取样的颜色。

（3）5×5 平均：选择该项，可以将 5 像素×5 像素范围内的颜色平均值作为取样的颜色。

1.6　使用辅助工具

标尺、度量工具、参考线和网格可以帮助用户在图像的长度和宽度方向进行精确定位，这些工具统称为辅助工具。熟练使用这些辅助工具，可以帮助用户快速、精确地完成设计任务。对于专业设计人员来说，使用辅助工具进行精细化作业是必不可少的基本技能。

1.6.1　标尺

使用标尺可以帮助用户在图像窗口的水平和垂直方向上精确设置图像位置，从而设计出更符合要求的图像作品。

单击菜单栏中的"视图"|"标尺"命令，或者反复按快捷键"Ctrl＋R"，可以显示或隐藏标尺。显示标尺以后，可以看到标尺的坐标原点位于图像窗口的左上角，如图 1-32 所示。如果需要改变标尺原点，可以将光标置于原点处，拖动鼠标时会出现"十"字线，释放鼠标，则交叉点变为新的标尺原点，如图 1-33 所示。改变了原点后，双击水平标尺与垂直标尺的交叉点，则原点变为默认方式。

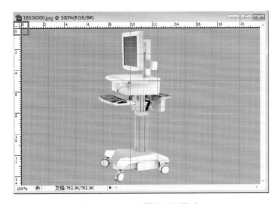
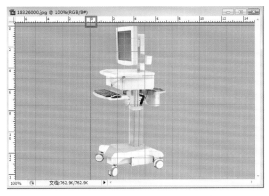

图 1-32　设置标尺原点(1)　　　　　图 1-33　设置标尺原点(2)

标尺的默认单位是厘米，如果要进行更改，可以双击标尺或单击菜单栏中的"编辑"|"预置"|"单位与标尺"命令，在打开的"预置"对话框中可以选择度量单位，如图 1-34 所示。

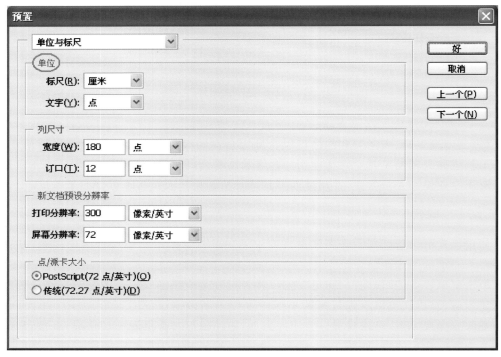

图 1-34 "预置"对话框

另外，还有一种快速改变标尺单位的方法，即在"信息"面板中单击 ✛ 图标，从打开的下拉列表中选择新的度量单位，如图 1-35 所示。

图 1-35 "信息"面板

1.6.2　参考线

在 Photoshop 中编辑图像时,使用参考线同样也可以实现精确定位。使用参考线可以采用下述方法:

(1)单击菜单栏中的"视图"|"显示"|"参考线"命令,可以显示或隐藏图像窗口中的参考线。

(2)如果图像窗口中已显示标尺,将光标指向水平或垂直标尺向下或向右拖动鼠标,可以创建水平或垂直参考线。按住 Alt 键的同时从水平标尺向下拖动鼠标可以创建垂直参考线,从垂直标尺向右拖动鼠标可以创建水平参考线。

(3)单击菜单栏中的"视图"|"新参考线"命令,则弹出"新参考线"对话框,如图 1-36 所示,在对话框中可以选择新参考线的取向及距相应标尺的距离。

图 1-36　"新参考线"对话框

(4)选择工具箱中的 工具,将光标指向参考线,当光标变为双向箭头时拖动鼠标,可以移动参考线的位置,如果将其拖动至窗口外,可以删除该参考线。另外,单击菜单栏中的"视图"|"清除参考线"命令,可以删除图像窗口中所有的参考线。

(5)单击菜单栏中的"视图"|"锁定参考线"命令,可以锁定图像窗口中所有的参考线,使之不能发生移动。

(6)单击菜单栏中的"视图"|"对齐到"|"参考线"命令,当移动图像或创建选择区域时,可以使图像或选择区域自动捕捉参考线,自动实现对齐操作。

> Tips:
> 　重复单击菜单栏中的"视图"|"显示额外内容"命令,可以同时显示或隐藏参考线、网格线、选择区域、切片、注释信息等辅助内容。

1.6.3　网格线

使用网络线也可以对图像进行比较精确的定位。单击菜单栏中的"视图"|"显示"|"网格"命令,可以在图像窗口中显示网络线,如图 1-37 所示。

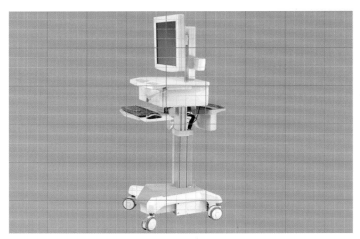

图 1-37　显示的网格线

默认情况下的网格线呈灰色,每一个网格又细分为 4 个单位,这对创作绘画作品是非常有益的。用户可以根据需要自定义网格线的属性,例如,可以将网格线设置为红色,每一个网格细分为 10 个单位,操作步骤如下:

(1)单击菜单栏中的"编辑"|"预置"|"参考线、网格和切片"命令,则弹出"预置"对话框,如图 1-38 所示。

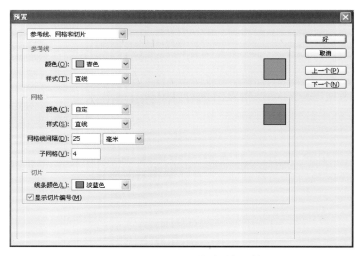

图 1-38　"预置"对话框

(2)在"网格"选项组中分别设置网格颜色、样式、间隔、子网格等内容。

(3)单击 好 按钮,即可在图像窗口中显示自定义的网格线。

1.6.4　度量工具

借助标尺可以显示光标所在的位置,但对于任意两点之间的距离和角度的测量就无能为力了,因此 Photoshop 中引入了度量工具,用于测量图像中任意两点之间的距离和角度。

具体使用方法如下：

（1）选择工具箱中的度量工具 。

（2）在图像窗口中从一个点（起点）向另一个点（终点）拖动鼠标，产生一条度量线。按住Alt 键的同时从度量线的一端向外拖动，可以创建量角器。

（3）单击菜单栏中的"窗口"|"信息"命令，在打开的"信息"面板中可以查看显示的度量信息，如图 1-39 所示。

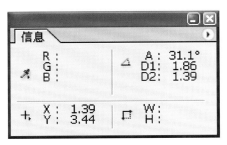

图 1-39　"信息"面板

①X 和 Y：表示起点位置。

②W 和 H：只在拖动鼠标时显示，表示从 X 轴和 Y 轴经过的水平和垂直距离。

③D1 和 D2：表示量角器两条边的长度。

④A：如果只有一条测量线，表示该线段相对于 X 轴测得的角度。如果两条度量线构成量角器，则 A 值表示两条线之间的夹角。

（4）拖动现有度量线的一个端点，可以重新调整度量线的长度；将光标放在度量线上拖动，可以移动度量线的位置。

（5）如果要删除度量线，可以将度量线拖动出图像窗口，也可以单击工具选项栏上的
清除 按钮。

1.6.5　颜色取样器工具

颜色取样器工具 的作用是对图像中的颜色进行标记，便于在工作中能够使用相同的颜色。一幅图像中最多可以标记 4 个取样点，各个取样点的信息都会显示在"信息"面板中，如图 1-40所示。选择工具箱中的 工具，在图像中单击鼠标就可以设置颜色取样点；如果要删除取样点，可以将其拖离图像窗口，也可以单击工具选项栏上的 清除 按钮。

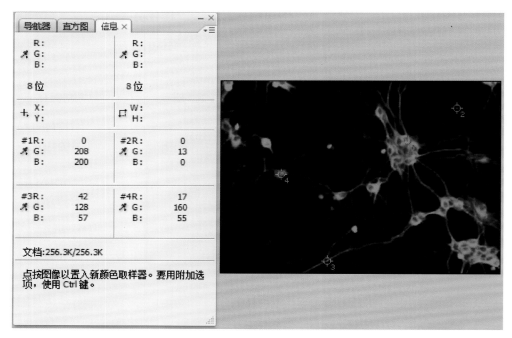

图 1-40　取样点与颜色信息

第 2 章 抠 图

本章内容：

- 选框工具
- 椭圆选框工具
- 套索工具
- 多边形套索工具
- 磁性套索工具
- 魔棒工具
- 魔术橡皮擦工具
- 钢笔工具
- 用通道抠图

2.1　抠图基本工具

Photoshop 是 Adobe 公司出品的图像制作和处理软件，它在图形图像素材处理、图像色彩调整、特效字制作、图像编辑等方面具有强大的功能，是市场占有率最高的图像处理软件。

2.1.1　选框工具

（1）选择矩形选框工具 后，单击并拖动鼠标即可创建矩形选区，如图 2-1 所示。

（2）如果在拖动鼠标时按住 Alt 键，则会以单击点为中心向外创建矩形选区。

（3）如果在拖动鼠标时按住 Shift 键，则可创建正方形选区。

（4）如果在拖动鼠标时按住"Shift＋Alt"键，则能够以单击点为中心向外创建正方形选区。

2.1.2　椭圆选框工具

椭圆选框工具的使用方法与矩形选框工具完全相同。如图 2-2 所示，单击并拖动鼠标创建椭圆选区；拖动鼠标时按住 Shift 键创建圆形选区；按住 Alt 键，以单击点为中心向外创建椭圆选区；按住"Shift＋Alt"键，以单击点为中心向外创建圆形选区。

图 2-1　创建矩形选区

Tips：

　　自由变换与变换选区的区别：按快捷键"Ctrl＋T"键可以调出自由变换工具，但是变换工具会对选区内的形状进行变形，变换选区工具则只是调整选区的形状，图形本身的形状不会改变。

图 2-2　椭圆选区

2.1.3　套索工具

套索工具特别适合比较随意的、具有手绘效果的选区。选择该工具之后,单击并按住鼠标拖动即可绘制选区,将光标移至起点处放开鼠标可封闭选区,如图 2-3 所示。

图 2-3　用套索工具创建选区

如果没有移动到起点处就放开鼠标,则 Photoshop 会在起点处连接一条直线来封闭选区。

在绘制选区的过程中,如果需要绘制直线,可按住 Alt 键,然后松开鼠标左键(此时可切换为多边形套索工具），将鼠标移至其他区域单击即可绘制直线;要恢复为套索工具,可单击并拖动鼠标,然后放开 Alt 键继续拖动鼠标。

2.1.4　多边形套索工具

多边形套索工具可以创建由直线构成的选区,适合选择边缘为直线的对象。选择该工具后,在对象边缘的各个拐角处单击即可创建选区,如图 2-4 所示。由于多边形套索工具是通过在不同区域单击来定位直线的,因此,即使放开鼠标,也不会像套索工具那样自动封闭选区。如果要封闭选区,可将光标移至起点处单击,或者在任意位置处双击结束绘制。

如果绘制选区的过程中按住 Shift 键,则能够锁定水平、垂直或以 45°角为增量进行绘制。如果在操作时绘制的直线不够准确,可按下 Delete 键删除最近绘制的直线段。

在创建选区的过程中按住 Alt 键,单击并拖动鼠标可切换为套索工具,这样就可以绘制自由状的选区。放开 Alt 键,然后在其他区域单击可恢复多边形套索工具,继续绘制直线选区。

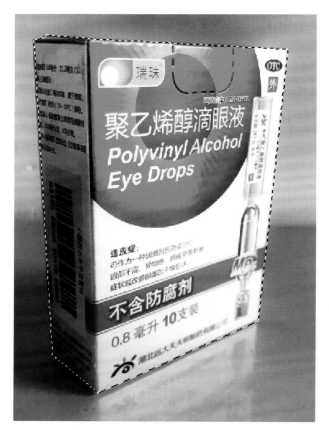

图 2-4　用多边形套索工具创建选区

2.2　智能工具

在 Photoshop 中,磁性套索工具、魔棒工具、背景橡皮擦工具、魔术橡皮擦工具和"色彩范围"命令都具有一定的自动识别能力,这种功能可以为我们的抠图工作带来一定的便利。在本节中我们将对这些工具和命令进行深入讲解。

2.2.1　磁性套索工具

用磁性套索工具能够自动检测和跟踪对象的边缘,可以快速选择边缘复杂且背景对比强烈的对象。选择该工具后,只需在对象的边缘单击鼠标,然后放开鼠标按键,沿着对象的边界拖动鼠标即可创建选区,Photoshop 会自动将选区与对象的边缘对齐。

在拖动鼠标时,光标的经过处会放置一定数量的锚点来连接选区,如果想要在某一位置放置一个锚点,可以在该处单击鼠标。如果锚点的位置不准确,可按下 Delete 键将其删除,连续按下 Delete 键可依次删除前面创建的锚点。如果在创建选区的过程中对选区不是很满意,想要重新制作选区,但又觉得删除锚点麻烦,可按下 Esc 键清除选区。

　　在绘制选区的过程中要是遇到了直线边界，可按住 Alt 键在对象的直线边缘上单击，这时磁性套索工具将转换为多边形套索工具，在不同的位置单击即可绘制直线选区。绘制完直线选区后，放开 Alt 键拖动鼠标仍能恢复为磁性套索工具。如果按住 Alt 键单击并拖动鼠标，可转换为套索工具。如图 2-5 所示。

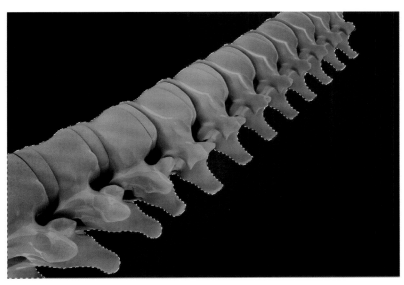

图 2-5　用磁性套索工具创建选区

　　在磁性套索工具的选项栏中有 3 个影响工具性能的选项，即"宽度""对比度""频率"，如图 2-6 所示。下面分别对这 3 个选项进行讲解。

图 2-6　磁性套索工具的选项栏

　　1. 宽度

　　宽度指的是磁性套索工具的检测宽度，它以 px（像素）为单位，范围为 1～256 px。该值决定了以光标中心为基准周围有多少像素能够被工具检测到，输入宽度值后，磁性套索工具只检测光标中心指定距离以内的图像边缘。如果对象的边界清晰，可使用一个较大的宽度值；如果边界不是特别清晰，则需要使用一个较小的宽度值。

　　图 2-7 是在宽度为1 px 时沿显微镜边缘绘制的选区，图 2-8 是在宽度为100 px 时绘制的选区。从两个绘制结果可以看到，鼠标经过的路线虽然相同，但随着宽度的增加，工具检测的范围也相应扩大，这就导致了宽度在100 px 时工具能够检测到更大范围的像素，这些像素对工具的判断力产生影响，使得图 2-8 的选区不够准确。

> Tips：
> 按下 Caps Lock 键可以看到磁性套索工具的检测半径。

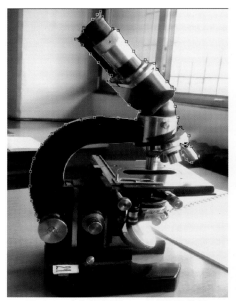 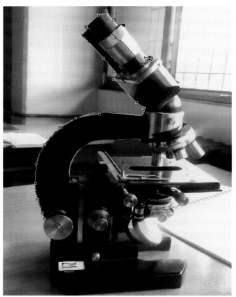

图 2-7　在"宽度"为1 px时沿显微镜
　　　　边缘绘制的选区

图 2-8　在"宽度"为100 px时沿显微镜
　　　　边缘绘制的选区

在创建选区时,可按下中括号键来调整工具的检测宽度。按下右括号键"]"可将宽度增大1 px,按下左括号键"["可将宽度减少1 px;按下"Shift＋]"键可将宽度设置为最大值,即256 px;按下"Shift＋["键可将检测宽度设置为最小值,即 1 px。

2.对比度

对比度决定了选择时对象与背景之间的对比度有多大才能被工具检测到。该值的范围为 1％～100％,较高的数值只能检测到与背景对比鲜明的边缘,较低的数值则可以检测对比不是特别鲜明的边缘。在边缘比较精确的图像上,可以使用更大的"宽度"和更高的"对比度",然后大致地跟踪边缘即可。而在边缘较模糊的图像上,则要尝试使用较小的"宽度"和较低的"对比度",这样才能更加精确地跟踪边缘。

3.频率

频率决定了磁性套索工具以什么样的频率设置锚点,它的设置范围为 0～100,该值越大,锚点的设置速度就越快,锚点的数量也就越多。

2.2.2　魔棒工具

魔棒工具能够基于图像的颜色和色调来建立选区。它的使用方法非常简单,只需在图像上单击,Photoshop 就会选择与单击点颜色和色调相似的像素。当背景颜色的变化不大,需要选取的对象轮廓清楚,与背景色之间有一定的差异时,使用魔棒工具可以快速选择对象。

魔棒工具的选项栏中有 4 个影响工具性能的设置选项,即"容差""消除锯齿""连续""对所有图层取样",如图 2-9 所示。

容差: 32　☑消除锯齿　☑连续　☐对所有图层取样　调整边缘…

图 2-9　魔棒工具的选项栏

1. 容差

容差是影响魔棒工具性能的一个重要选项,它的数值大小决定了容纳差异的程度,指的是与鼠标单击选定的颜色差异程度多少的像素会被选择。当数值较低的时候,只选择与鼠标单击点像素非常相似的少数颜色。该值越高,跟单击像素点差异很大的颜色也能被选进来。

例如,在图像的同一位置单击时,设置不同的容差值选择的区域也不一样,如图 2-10 和图 2-11 所示。

图 2-10　容差为 10 像素的选区

图 2-11　容差为 50 像素的选区

2. 连续

连续为默认的选项,使用该选项时可选择与单击点连接的符合要求的像素,取消勾选后,将选择整个图像范围内所有符合要求的像素,包括没有与单击点连接的区域内的像素。如图 2-12 和图 2-13 所示。

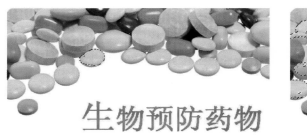

图 2-12　勾选"连续"点选黄色药丸　　　　图 2-13　取消"连续"点选黄色药丸

3. 对所有图层取样

如果当前的文档包含多个图层,则"对所有图层取样"选项将控制魔棒工具的分析对象是当前图层还是所有可见图层。如果勾选该项,可选择所有可见图层中符合要求的像素,取消勾选则只选中当前图层中符合要求的像素。

2.2.3 背景橡皮擦工具

背景橡皮擦工具是一种智能橡皮擦,它具有自动识别对象边缘的功能,可将指定范围内的图像擦除成为透明区域,适合处理具有清晰边缘的图像。对象的边缘与背景的对比度越高,擦除的效果就越好。

选择背景橡皮擦工具后,将鼠标移至画面上时,光标会显示为圆形,这个圆形代表了工具的大小。圆形的中心有一个十字线,在擦除图像时,Photoshop 会自动采集十字线位置的颜色,并将工具范围内(即圆形区域内)的类似颜色擦除。在进行操作时,只需沿对象的边缘拖动鼠标涂抹即可,非常轻松便捷,如图 2-14 所示。

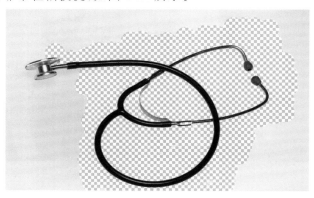

图 2-14　背景橡皮擦工具的使用

背景橡皮擦工具的工具选项栏中包含着一些与工具相关的设置,如图 2-15 所示。

图 2-15 背景橡皮擦工具的工具选项栏

1. 取样

工具选项栏中有 3 个取样按钮,它们分别是:连续 、一次 和背景色板 。连续 为默认设置的选项。在该选项状态下拖动鼠标时,Photoshop 会随着光标的移动连续取样十字线所在位置的颜色。在进行擦除时,光标中心的十字线不能碰触到需要保留的对象,否则将会将其擦除。图 2-16 为正确的擦除方法,图 2-17 为错误的擦除方法,由于光标中心的十字线位于听诊器上,结果听诊器也被擦除了。当图像的背景变化较大时,可以采用该选项进行操作。

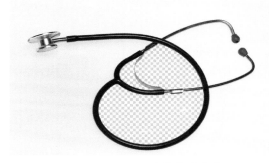 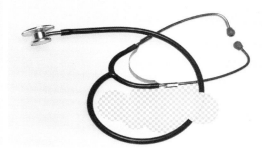

图 2-16 正确的擦除方法　　　　　　　　　　图 2-17 错误的擦除方法

选择一次 选项后,在拖动鼠标时,只擦除包含第一次鼠标单击点颜色的区域,这样的话,在擦除时只要定位好第一次取样的颜色,而不必特别注意光标中心十字线的位置。如果背景颜色为单色或者颜色变化不大,就可以采用该选项设置。将工具的"取样"设置为一次 后,在背景颜色上单击进行取样,然后在图像上涂抹便将背景擦除了,光标中心的十字线虽然碰触到了听诊器,但也不会对其造成损坏,如图 2-18 所示。

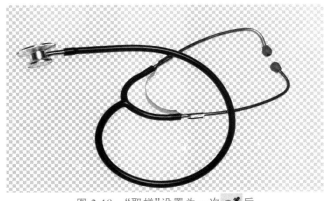

图 2-18 "取样"设置为一次 后

选择背景色板 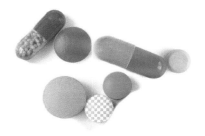 后,在进行擦除时,只擦除包含当前背景色的区域。例如,在处理图 2-19 时,使用吸管工具拾取图像中的橘色作为背景色,然后将背景橡皮擦的"取样"选项设置为"背景色板",在整个图像的范围内拖动鼠标时,只有与背景色相近的颜色被擦除了,如图 2-19 所示。如果换一个背景颜色,擦除的结果不一样。图 2-20 为重新取样背景颜色擦除的结果。

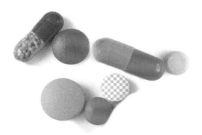

图 2-19 背景色设置为橘色后的擦除结果　　　　图 2-20 背景色设置为绿色后的擦除结果

2. 限制

"限制"选项下拉列表中包含"不连续""连续""查找边缘",如图 2-21 所示。它们用来控制擦除的限制模式,也就是说,在拖动鼠标时,是擦除连接的像素还是擦除工具范围内的所有相似像素。

图 2-21 "限制"选项下拉列表

如果想要擦除出现在工具下任何位置的样本颜色,可以选择"不连续"选项,选择"连续"选项时则意味着只有那些与样本颜色相似并且连续的区域才能被擦除,如图 2-22 和图 2-23 所示。

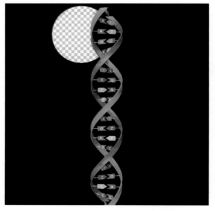
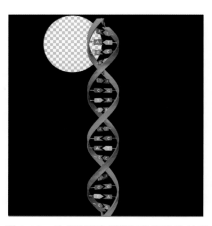

图 2-22 选择"连续"选项擦除的结果　　　　图 2-23 选择"不连续"选项擦除的结果

"查找边缘"与"连续"选项的功能有些相似。选择该选项后,可擦除包含样本颜色的连续区域,但同时还能更好地保留形状边缘的锐化程度。如图 2-24 所示,将魔术橡皮擦工具的"取样"设置为"连续",然后将容差设置为 100,再对该图像分别采用两种方法进行处理。将"限制"设置为"连续"后,擦除画面背景时,擦除结果如图 2-24 所示;将"限制"设置为"查找边缘"后,擦除结果如图 2-25 所示。

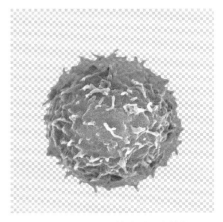
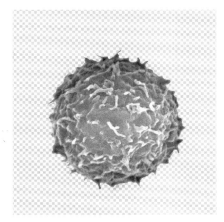

图 2-24　限制模式为"连续"　　　　　　图 2-25　限制模式为"查找边缘"

从两个结果中可以看到,由于容差值较高(较高的容差便于观察效果),选择"连续"限制模式的擦除结果使得需要的边缘部分被擦除了,而选择"查找边缘"限制模式却能很好地区分图像的边缘,没有破坏到边缘。

3. 容差

"容差"是背景橡皮擦工具的一个重要选项,它的数值大小决定了什么样的像素能够与样本颜色相似。低容差设置仅限于擦除与样本颜色非常相似的区域,高容差设置可以擦除范围更广的颜色。当需要擦除的背景与需要保留的对象颜色比较接近,不便于区分时,应设置较小的容差值;如果它们的颜色差异明显,则可使用较大的容差值,这样可以加快操作速度。

工具的"容差"为 100 时,背景的擦除效果如图 2-26 所示。将"容差"值设置为 20 后,重新擦除的效果如图 2-27 所示,这一次把淡颜色的细胞也保留下来了。

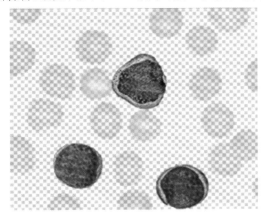

图 2-26　"容差"为 100 时背景的擦除效果　　　图 2-27　"容差"为 20 时背景的擦除效果

4．保护前景色

选择"保护前景色"选项后，可防止擦除与工具箱中的前景色匹配的区域。

2.2.4　魔术橡皮擦工具

用魔术橡皮擦工具在图层中单击时，该工具会自动更改所有相似的像素。如果是在带有锁定透明区域的图层中工作，被擦除的区域会显示为背景色，在其他图层中使用该工具时，被擦除的区域会变为透明区域。

如图 2-28 所示，在一个单色背景上的图片，需要将其背景删除，只需要选择魔术橡皮擦工具并设置适当的选项，然后在背景上单击即可，非常便捷，如图 2-29 所示。

图 2-28　单色背景上的图片

图 2-29　魔术橡皮擦工具擦除单色背景的效果

魔术橡皮擦工具的选项栏中包含工具的设置选项,如图 2-30 所示。

| ✎ ▾ | 容差: 32 | ☑消除锯齿 | ☑连续 | □对所有图层取样 | 不透明度: 100% ▸ |

图 2-30　魔术橡皮擦工具的选项栏

容差:与魔棒工具、背景橡皮擦工具"容差"的作用基本相同。

连续:与魔棒工具、背景橡皮擦工具"连续"的作用基本相同。

对所有图层取样:取消该选项的勾选时,只能擦除当前图层中相似的像素。勾选该项后,可利用所有可见的组合数据来采集擦除色样。

不透明度:用来设置工具的涂抹强度。100%的不透明度将完全擦除像素,较低的不透明度可部分擦除像素。

2.2.5　色彩范围

"色彩范围"命令可以根据图像的颜色范围创建选区,这一点与魔棒工具有着很多相似之处,但命令提供了更多的控制选项,因此具有更高的选择精度。

1. 初识"色彩范围"命令

我们先通过一个实例来初步了解"色彩范围"命令的作用以及操作方法。

第一步:打开素材文件,如图 2-31 所示,我们要提取里面的绿色物质。

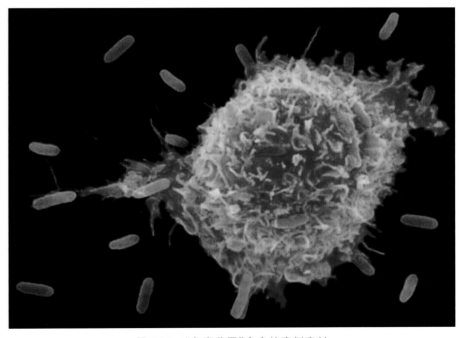

图 2-31　"色彩范围"命令的案例素材

第二步:执行"选择"|"色彩范围"命令,打开"色彩范围"对话框。将鼠标移动到绿色物质上取样,在预览框中白色代表选中的区域,黑色代表没有被选中的区域,如图 2-32 所示。

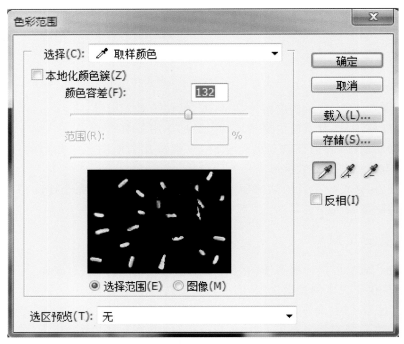

图 2-32　合适的"颜色容差"

第三步：调整容差滑块，直到绿色物质基本被选择，如图 2-33 所示。此时如果继续加大容差，可以看到背景部分也开始发白，也就是说背景也被部分选择，此时容差就设置过大了。

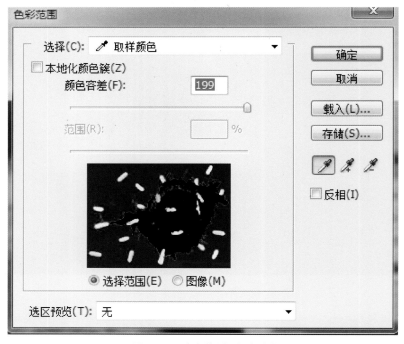

图 2-33　过大的"颜色容差"

第四步：调整到合适的颜色容差值之后，单击"确定"按钮关闭对话框，可以得到如图 2-34 所示的选区。

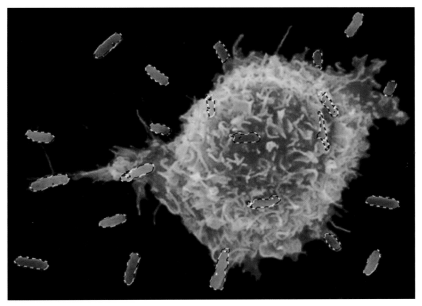

图 2-34　获得绿色物质的选区效果

第五步：按下快捷键"Ctrl＋J"将选择的区域复制到新图层上。

第六步：选择背景图层，将背景图填充成黑色，如图 2-35 所示。至此，绿色物质被抠取出来。

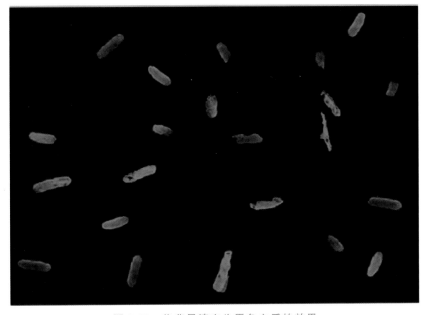

图 2-35　将背景填充为黑色之后的效果

2. 设置取样颜色

（1）用吸管进行颜色的取样

执行"色彩范围"命令可以打开"色彩范围"对话框，通过对话框中的预览图可以看到选区的预览效果。在默认状态下，预览图中的白色代表被选择的区域，黑色代表未被选择的区域，而灰色代表被部分选择的区域。

初始的选区是以前景色为依据来创建的，可以用对话框中的吸管和"容差"的参数来自定义选区。打开"色彩范围"命令对话框后，光标会变为一个吸管，用吸管在图像上单击即可选择颜色。如果习惯在黑白的图像上操作，也可以在对话框的预览图上单击，对选择的颜色范围进行设置。

要将某些颜色添加到选区时，可以按下"添加到取样"按钮 ，然后在需要添加的颜色上单击即可。如果要在选区中减去某些颜色时，可按下"从取样中减去"按钮 ，然后在颜色上单击。

> Tips:
> 按住 Alt 键单击可将颜色添加到选区，按住 Shift 键单击可将颜色排除到选取之外。

（2）使用固定的设置进行取样

除了可以使用吸管工具进行颜色取样外，Photoshop 还提供了几个固定的取样颜色和取样色调，它们位于"选择"下拉列表内。

固定的颜色包括红色、黄色、绿色、青色、蓝色和洋红。通过这些选项，可以选择图像中的以上特定颜色。

固定的色调是指"高光""中间调""阴影"。通过这三个选项我们能够以色调为基准选择图像中的高光区域、中间调区域和阴影区域。

"选择"下拉列表还有一个选项，就是"溢色"。"溢色"是指超出了 CMYK 颜色范围，不能被准确打印的颜色。"溢色"通常出现在 RGB 或 Lab 模式的图像中，而该选项也仅适用于RGB 和 Lab 模式的图像。通过该选项可以将那些不能被准确打印的颜色选择出来，选择出来之后，我们可以对它们进行适当的处理。

关于"溢色"：RGB 模式是用于屏幕显示的图像模式，它是由显示器或电视屏幕发射出来的红、绿、蓝三色光束形成的颜色，每一种颜色都有 256 种不同的亮度值，因此可以产生1670 余万（256×256×256）种不同的颜色，色域范围较广。CMYK 模式是用于印刷的模式，它由青色（Cyan）、品红（Magenta）、黄（Yellow）和黑（Black）四种基本颜色组成。CMYK 模式是由基于打印在纸上的油墨吸收光的多少形成颜色的，它的色域范围相对 RGB 模式要少很多，并不是屏幕中所有显示的颜色都能够被打印出来，那些不能被准确打印出来的颜色就是我们通常所说的"溢色"。在打印 RGB 模式的图像时，对于出现的溢色，Photoshop 会用与其最为接近的可打印颜色来将其替代。

（3）固定设置取样的应用

"色彩范围"对话框中提供的几个固定颜色似乎没有使用吸管工具直接取样来得灵活，

并且选择了这些颜色后,就无法再调整"颜色容差"了。但是在某些情况下,直接选择一种取样颜色后,可以快速地选择到该取样范围内的所有颜色,这比使用吸管取样,然后再调整"颜色容差"更加快捷。

如图 2-36,宝宝非常可爱,但整个画面的色调过于热烈,并且孩子皮肤的颜色偏红,使得小家伙看上去像是在发高烧,尤其脸部,更是红得像个醉汉。如果能够降低皮肤中红色的饱和度,就可以使皮肤的颜色更加自然,看上去也会更加舒服。步骤如下:

第一步:执行"选择"|"色彩范围"命令,打开"色彩范围"对话框。在"选择"下拉列表中选择"红色",如图 2-37 所示。单击"确定"按钮关闭对话框,可得到图 2-38 所示选区。

图 2-36 原图

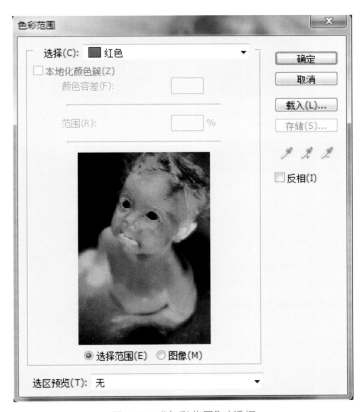

图 2-37 "色彩范围"对话框

第二步:单击"图层"调板中的创建新的调整图层按钮,打开下拉列表选择"色相/饱和度"命令,打开"色相/饱和度"对话框。将"饱和度"设置为−62,降低选取的红色的饱和度,如图 2-39 所示,结果如图 2-40 所示。

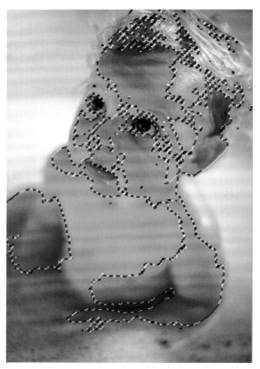

图 2-38　在"选择"下拉列表中选择"红色"获得的选区

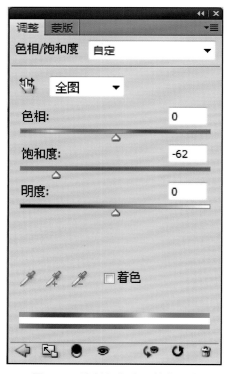

图 2-39　降低红色选区的饱和度

图 2-40　降低红色选区的饱和度后的效果

第三步：再单击"图层"调板中的创建新的调整图层按钮，这一次选择"亮度/对比度"命令，将亮度值设置为 50，增加亮度值使图像变亮，如图 2-41 所示，结果对比如图 2-42 所示。

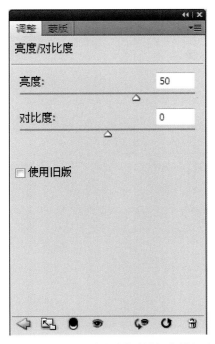

图 2-41　在"亮度/对比度"对话框中增加亮度

图 2-42　增加亮度之后的效果对比

2.2.6 用钢笔工具抠图

在 Photoshop 中,钢笔工具是最为精确的选取工具之一。它具有良好的可控性,能够创建平滑的路径,非常适合选择边缘光滑的对象。钢笔工具尤其适用于被选取的对象与背景之间没有足够的颜色差异,采用其他工具和方法不能奏效的情形下,此时往往可以达到满意的效果。

1. 路径和锚点

一条完整的路径是由一个或多个直线路径段或曲线路径段组成的,用来连接这些路径的对象便是锚点,它们同时也标记了路径段的端点。

锚点分为两种:一种是平滑点,另一种是角点,如图 2-43 和图 2-44 所示。

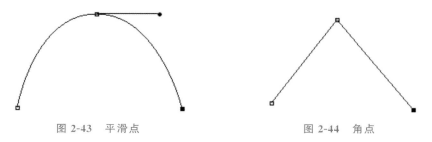

图 2-43 平滑点 　　　　　　　　　　　图 2-44 角点

用转换点工具 ⌐ 可以在平滑点和角点间互相转换。在选择钢笔工具的状态下,用 Alt 键可以将当前工具切换到转换点工具。

2. 钢笔工具选项栏

使用钢笔工具 ✎ 前,首先需要在工具选项中指定一个绘制模式,包括形状图层和路径,如图 2-45 所示。

图 2-45 钢笔工具选项栏

形状图层:按下形状图层按钮 ▢ 后,可在单独的形状图层中创建形状。形状图层包含定义形状颜色的填充图层以及定义形状轮廓的链接矢量蒙版。形状轮廓是路径,它出现在"路径"调板中,形状图层中的每个形状都是一个子路径。

路径:按下路径按钮 ▨ 后,可在当前图层中绘制工作路径。工作路径是一个临时的路径,它出现在"路径"调板中。创建工作路径后,可以使用它来创建选区、矢量蒙版,或者对路径进行填充和描边,从而创建光栅化图形。在使用钢笔工具选取对象时,我们通常按下的是路径按钮。

填充像素:在路径按钮右侧还有一个填充像素按钮 ▢ ,它不能用于钢笔工具,只有在使用形状工具(矩形工具、椭圆工具、自定义形状等工具)时,才可以按下。按下该按钮后,可直接在图层中绘制光栅化图形,但不会创建矢量图形。

3. 使用钢笔工具

(1)绘制直线。选择钢笔工具后,在画面中单击可创建一个锚点,放开鼠标的按键,将光标移至其他区域单击可创建由角点和直线路径段定义的路径。要闭合路径,可将光标移至起点处,光标显示为 状时单击即可。

（2）绘制曲线。

（3）绘制转角曲线。

（4）结束绘制。

4．编辑锚点和路径

（1）选择锚点和路径

用直接选择工具 单击锚点即可将其选择,选中的锚点显示为实心方形,未选中的锚点则显示为空心的方形,如图 2-46 所示。

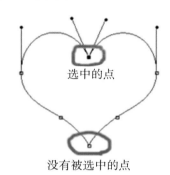

选中的点

没有被选中的点

图 2-46 选中的点与没选中的点对比

按住 Shift 键可以同时选中多个节点。

用路径选择工具 可以选中整个路径,按住 Alt 键可以在路径选择工具 和直接选择工具 间切换。

（2）移动锚点和路径

用直接选择工具 单击并拖动锚点即可将其移动。

用直接选择工具 单击并拖动路径段即可将其移动。

用路径选择工具 单击并拖动路径即可移动整个路径。

Tips：

如果当前工具为钢笔工具,则按住 Ctrl 键可以切换为直接选择工具。因此,在使用钢笔工具时,按住 Ctrl 键单击锚点可以选择锚点,单击并拖动锚点即可将其移动。

（3）添加和删除锚点

将钢笔工具移动到路径上,当钢笔工具旁边显示成"＋"号时,在路径上单击可添加锚点。将钢笔工具移至锚点旁边,当钢笔工具旁边显示成"－"号时,在锚点上单击可删除当前的锚点。

如果路径上锚点过多,路径会变得较不平滑,且不易于修改。

(4)调整方向线

在一条曲线路径上,方向线的长度会影响曲线的曲率,方向线的方向则决定由下一个锚点生成的路径的走向。方向点控制着方向线的长度和方向。

用直线选择工具可以移动方向点。在拖动平滑点上的方向点时,两条方向线始终保持为一条直线状态,此时锚点两侧的路径段都会发生改变。

如果想要只调整一侧的方向线而不影响另外一侧的方向线,可按住 Alt 键单击并拖动该方向线上的方向点,此时只调整与方向线同侧的路径段。

(5)删除路径

如果锚点被选择,按下 Delete 键可删除选择的锚点;再次按下 Delete 键,可删除该路径段;第三次按下 Delete 键,可删除整条路径。

5. 钢笔工具应用实例

(1)绘制心形

第一步:新建一个白色背景的文档,选择钢笔工具,定位心形的几个关键节点,如图 2-47 所示。

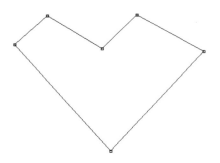

图 2-47　定位心形的几个关键节点

第二步:按住 Ctrl 键,将工具切换为直接选择工具 ,调整节点位置。结果如图 2-48 所示。

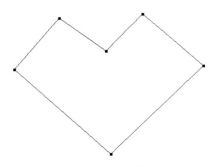

图 2-48　调整节点位置

第三步:按住 Alt 键,将工具切换为转换点工具 ,将角点转换为拐点,调整心形的曲线。结果如图 2-49 所示。

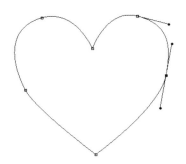

图 2-49 角点转换为拐点

第四步：新建一个图层，按下快捷键"Ctrl＋Enter"将路径转为选区，将前景色设为红色，按下快捷键"Ctrl＋Alt"填充前景色，按下快捷键"Ctrl＋D"取消选区，用加深工具和减淡工具增加图形的立体感。效果如图 2-50 所示。

图 2-50 心形效果图

（2）抠图

第一步：打开素材文件，如图 2-51 所示，图中的显微镜背景复杂，适合用钢笔工具来抠取。

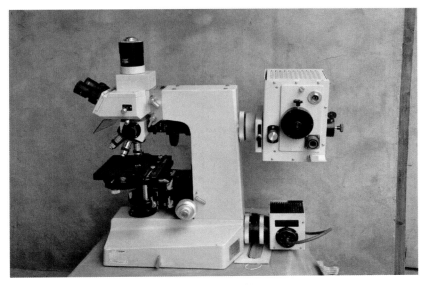

图 2-51 显微镜

第二步:选择钢笔工具,在工具选项栏中按下路径 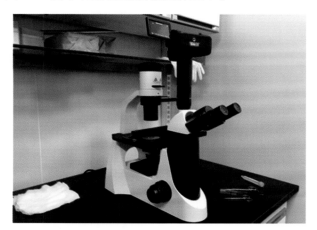,从顶部开始,单击鼠标绘制路径,根据显微镜的边缘确定锚点的位置,此时可以配合按住 Ctrl 键切换到直接选择工具,移动锚点的位置。出现需要弯曲的地方,利用贝塞尔曲线调整曲线幅度,直至吻合主图的幅度。

> Tips:
>
> 在使用钢笔工具描绘图像时,可配合"Ctrl＋一"或者"Ctrl＋＋"快捷键缩放视图,按住空格键移动画面,以便准确地勾画出对象的细节。

第三步:对于比较小的弯曲细节,可以先添加角点,然后按住 Alt 键切换成转换点工具,将角点转换为拐点来调节细节幅度。继续勾勒路径,直到回到路径的起点,双击起点位置的锚点将路径闭合,如图 2-52 所示,至此,显微镜选择完毕。

图 2-52 用钢笔工具在显微镜图上绘制路径

第四步:单击"路径"调板中将路径作为选区载入按钮 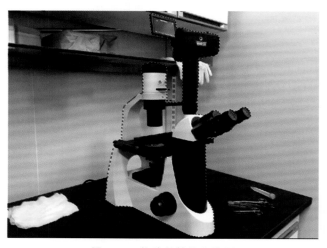,将路径作为选区载入,如图 2-53 所示。按下"Ctrl＋J"快捷键将选区内的显微镜创建在一个新的图层中。

图 2-53 将路径转换为选区

第五步：删除背景图层之后的显微镜效果如图 2-54 所示。最后将"路径"调板中的工作路径保存，以免在绘制其他路径时将其替换。

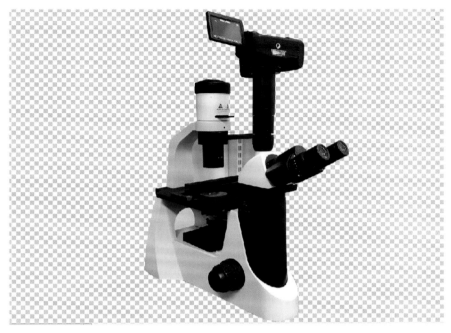

图 2-54   除去背景之后的显微镜效果

2.2.7   用通道抠图

1. 通道的原理与工作方式

Photoshop 中包含 3 种通道类型：颜色通道、Alpha 通道和专色通道。我们打开一个新的图像时，Photoshop 会自动创建该图像的颜色信息通道。

如果当前的文件为 RGB、CMYK 或 Lab 模式，那么在"通道"调板中最先列出的将是复合通道，在复合通道下可同时预览和编辑所有的颜色通道。

图像的颜色模式决定了所创建颜色通道的数目，在默认状态下，RGB 图像包含 3 个通道（红、绿、蓝），以及一个用于编辑图像的复合通道；CMYK 图像包含 4 个通道（青色、洋红、黄色、黑色）和一个复合通道；Lab 图像包含 3 个通道（明度、a、b）和一个复合通道；位图、灰度、双色调和索引颜色图像有一个通道。

2. 通道抠图实例

（1）抠出红色心脏

第一步：打开素材文件，打开通道面板，查看 RGB 混合通道，以及红、绿、蓝色通道，如图 2-55、图 2-56、图 2-57、图 2-58 所示。

其中红色通道中的主体轮廓和背景色调的对比最清晰，适合用来制作选区。

第二步：复制红色通道，按下"Ctrl＋M"快捷键打开"曲线对话框"，调整曲线，如图 2-59 所示，使得整个心脏区域变成白色，如图 2-60 所示。

 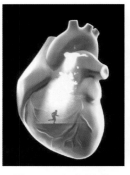  

图 2-55　RGB 混合通道　　图 2-56　红色通道　　图 2-57 绿色通道　　图 2-58　蓝色通道

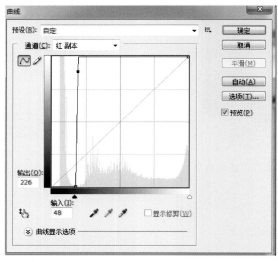

图 2-59　调整曲线

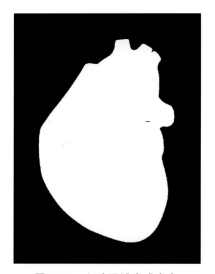

图 2-60　心脏区域变成白色

第三步:主体中有空缺的部分可以用白色画笔工具涂白,确认整个主体区域完全是白色的。

第四步:按住 Ctrl 键的同时单击调整好的红色通道,此时整个白色区域被选中。

第五步:选中 RGB 复合通道,回到图层面板,可以看到整个心脏被选中。此时可以将选区缩小 2 个像素,去掉图像边缘。

第六步:按快捷键"Ctrl+J"将选中的区域复制到一个新的图层,将原来的背景图层隐藏。抠取的效果如图 2-61 所示。

(2)抠出神经元

第一步:打开素材文件,打开通道面板,查看红、绿、蓝色通道,如图 2-62、图 2-63、图 2-64、图 2-65 所示。

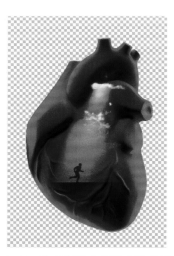

图 2-61　除去背景之后的心脏效果图

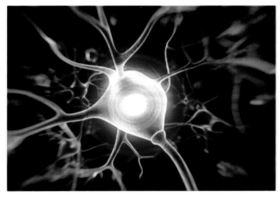

图 2-62　RGB 混合通道

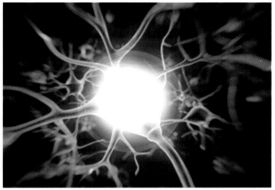

图 2-63　红色通道

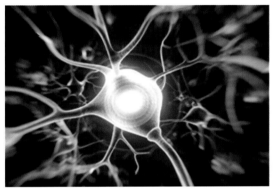

图 2-64　绿色通道

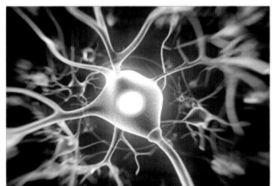

图 2-65　蓝色通道

　　第二步：选择红色通道，按住 Ctrl 键的同时用鼠标点击红色通道，选择 RGB 模式，然后切换到图层面板，按快捷键"Ctrl＋J"将红色通道中的选区复制到新的图层。用同样的方法将蓝色通道的选区也复制到新的图层。

　　第三步：隐藏背景图层，查看抠取的效果，如图 2-66 所示。亦可加上任意颜色背景，观察抠取效果，如图 2-67 所示。

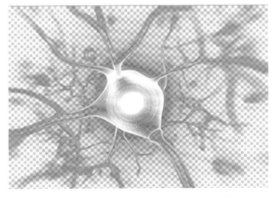

图 2-66　隐藏背景图层，查看抠取的效果

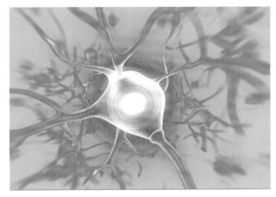

图 2-67　加上任意颜色背景，观察抠取效果

第3章　素材处理

本章内容：
- 🖥 色彩处理
- 🖥 形状处理
- 🖥 细节处理

3.1　色彩处理

✎ 3.1.1　读懂直方图

直方图（histogram）也叫柱状图，是一种统计报告图，由一系列高度不等的纵向条纹表示数据分布的情况。直方图上可以看到整个图片的阶调信息和色彩信息。

点击"窗口"|"直方图"可以打开直方图，如图 3-1 所示。直方图可以用来发现图片中存在的色彩问题。

图 3-1　查看图片的直方图

假设有一堆硬币,如图 3-2 所示,我们想知道里面有多少钱,当然我们可以一枚一枚地数,但是如果数量非常多,一枚一枚地数很可能会数错,我们可先给硬币按面值做分类,然后分别统计各种面值的硬币数量,如表 3-1 所示。

图 3-2　一堆硬币

表 3-1　统计各种面值的硬币数量

面值	数量
1 元	4
5 角	3
1 角	2

把统计的结果图示出来,就成了直方图。横向数轴标示出硬币的面值,纵向数轴标示出硬币的数量,如图 3-3 所示。

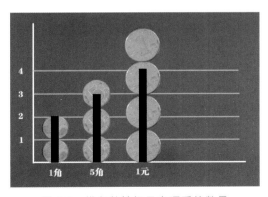

图 3-3　纵向数轴标示出硬币的数量

将统计硬币的原理应用到统计像素灰度中,以灰度图为例,假设我们的图中一共只有 0、1、2、3、4、5、6、7 八种灰度,0 代表黑色,7 代表白色,其他数字代表 0～7 之间不同深浅的灰度,如图 3-4 所示。

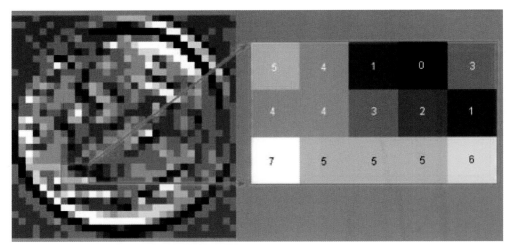

图 3-4　数字代表 0～7 之间不同深浅的灰度

统计的结果如下，横轴标示灰度级别（0～7），纵轴标示每种灰度的数量，如图 3-5 所示。

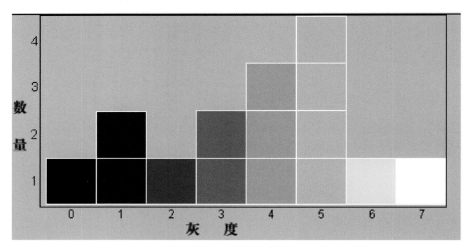

图 3-5　统计各级灰度像素的数量

在 Photoshop 中的显示如图 3-6 所示。

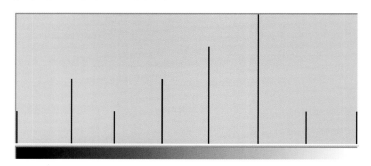

图 3-6　Photoshop 中直方图的效果

点击"直方图"面板上右上角的三角图标,选择"扩展视图",将显示直方图的详细信息,如图 3-7 所示。

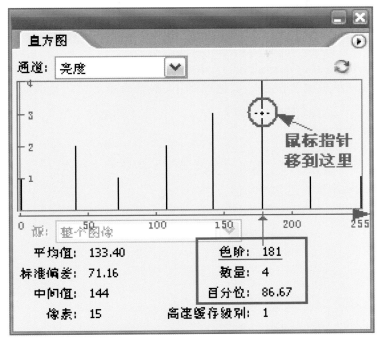

图 3-7　显示直方图的详细信息

横轴标示亮度值(0~255),纵轴标示每种像素的数量。

像素(pixels):图像的大小,图像的像素总数。图中为 5×3＝15。

色阶、数量、百分位这三项是根据鼠标指针位置显示的横坐标当前位置的统计数据。

色阶(level):鼠标指针所在位置的亮度值,亮度值范围是 0~255。图中为 181。

数量(count):鼠标指针所在位置的像素数量。图中为 4。

百分位(percentile):从最左边到鼠标指针位置的所有像素数量÷图像像素总数。图中为(1+2+1+2+3+4)/15＝13/15＝0.8667＝86.67％。

当鼠标拖动,选中直方图的一段范围时,色阶、数量、百分位将显示选中范围的统计数据。

下面举个简单的例子来说明平均值、标准偏差、中间值。

例如图像 A 只有 4 个像素,亮度分别是 200、50、100、200。

平均值(算术平均数,mean,average):图像的平均亮度值,高于 128 偏亮,低于 128 偏暗。平均值的算法是:图像的亮度总值÷图像像素总数。

平均值公式:

$$\overline{X} = \frac{X_1 + X_2 + \cdots + X_n}{n} = \frac{1}{n}\sum_{i=1}^{n} X_i$$

公式中,$\overline{X}$ 表示 X 的平均值,$\sum$ 表示求和,n 表示 X 的总数。

图像 A 的平均值＝(200＋50＋100＋200)/4＝550/4＝137.5。

中间值(中值,中位数,median)：中间值是把图像所有像素的亮度值从小到大排列后,位置处在中间的数。如果有偶数个像素,就有两个位于中间的数,取前面的一个。

图像 A 的中间值：亮度排序为 50,100,200,200,100 和 200 是位于中间的,取前面的 100 作为中间值。

标准偏差(标准差,std dev,standard deviation,sample variance)：指图像所有像素的亮度值与平均值之间的偏离幅度。标准偏差越小,图像的亮度变化就越小,反之亮度变化就越大。

标准偏差公式：

$$S = \sqrt{\frac{1}{n-1}\sum_{i=1}^{n}(X_i - \overline{X})^2}$$

图像 A 的标准偏差：(已知平均值＝137.5)

$S^2 = [(200-137.5)^2 + (50-137.5)^2 + (100-137.5)^2 + (200-137.5)^2]/(4-1) = [62.5^2 + (-87.5)^2 + (-37.5)^2 + 62.5^2]/3 = (3906.25 + 7656.25 + 1406.25 + 3906.25)/3 = 16875/3 = 5625$

标准偏差 $S = \sqrt{5625} = 75$。

3.1.2 色彩原理

红(R)、绿(G)、蓝(B)、青(C)、品红(M)、黄(Y)是 Photoshop 中非常重要的六色相,是调色的重要依据。在 Photoshop 中,色相用 0°～360°来进行数值形式的描述。红色为 0°或 360°,黄色为 60°,绿色为 120°,青色为 180°,蓝色为 240°,品红色为 300°,如图 3-8 所示。

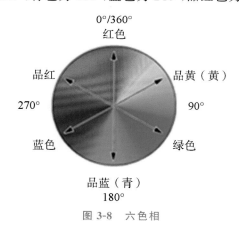

图 3-8　六色相

1. 常用的色彩模式

RGB 用红(R)、绿(G)、蓝(B)组成所有色彩。

CMY 用青(C)、品红(M)、黄(Y)组成所有色彩。

HSB 用色相(H)、饱和度(S)、明度(B)组成所有色彩。

2. RGB 三色混合原理

如图 3-9 所示。

红＋绿＝黄

红＋蓝＝品红

绿＋蓝＝青

红＋绿＋蓝＝白色

3. 常用的 RGB 颜色数值对照表

黑色 0,0,0

白色 255,255,255

灰色 192,192,192

深灰色 128,128,128

红色 255,0,0

绿色 0,255,0

蓝色 0,0,255

黄色 255,255,0

图 3-9 三色混合原理

4. 互补色的概念

处于相对位置的两种颜色就称为一对互补色。例如,绿色的互补色是洋红色,黄色的互补色是蓝色,红色的互补色是青色。所谓互补就是图像中一种颜色的减少,必然导致它的互补色的增加。

3.1.3 常见色彩问题

通过对图像的直观判断,结合直方图数据可发现图片中存在的色彩问题。

1. 太亮

画面整体太亮,本应该暗的地方,例如树的阴影,也很亮,如图 3-10 所示。其直方图上没有暗调,如图 3-11 所示。

图 3-10 太亮的图片   图 3-11 太亮图片的直方图

2. 太暗

画面整体太暗,本应该亮的地方,例如天空,也很暗,如图 3-12 所示。其直方图上没有高光部分,如图 3-13。

 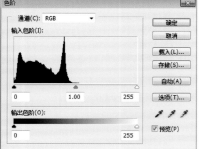

图 3-12　太暗的图片　　　　　　　　图 3-13　太暗图片的直方图

3. 太灰

画面整体太灰,没有特别亮和特别暗的地方,如图 3-14 所示。其直方图上没有高光和阴影,如图 3-15 所示。

 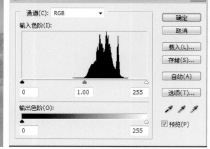

图 3-14　太灰图片　　　　　　　　图 3-15　太灰图片的直方图

4. 色彩不够正

画面整体清晰度还可以,但是天空和海水不够蓝,树木和草地不够绿,建筑外墙色彩也比较暗淡,如图 3-16 所示。

图 3-16　色彩不够正的校园图片

3.1.4　用调色工具解决色彩问题

1. 色阶

色阶工具可以去掉图片的灰蒙,修正太暗和太亮。

(1)太暗

打开素材"太暗.jpg",图片看起来整体偏暗,如图 3-17 所示。观察其直方图,没有高光部分,如图 3-18 所示。

图 3-17　素材"太暗.jpg"　　　　　　图 3-18　素材"太暗.jpg"的直方图

执行"图像"|"调整"|"色阶",向左移动白色滑块,调整之后图片亮了,山上石头的层次也出来了,如图 3-19 所示。

图 3-19　调整色阶之后的图片效果

（2）太亮

打开素材"太亮.jpg"，图片看起来整体偏亮，如图 3-20 所示。观察其直方图，没有阴影部分，如图 3-21 所示。

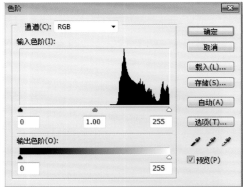

图 3-20　素材"太亮.jpg"　　　　　　　　　图 3-21　素材"太亮.jpg"的直方图

执行"图像"|"调整"|"色阶"，向右移动黑色滑块，调整之后图片清晰了，树干和阴影的层次出来了，如图 3-22 所示。

图 3-22　调整色阶之后的图片效果

（3）太灰

打开素材"太灰.jpg"，图片看起来整体灰蒙蒙的，如图 3-23 所示。观察其直方图，既没有高光部分，也没有阴影部分，如图 3-24 所示。

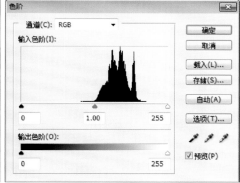

图 3-23　素材"太灰.jpg"　　　　　　图 3-24　素材"太灰.jpg"的直方图

执行"图像"|"调整"|"色阶"，向左移动白色滑块，同时向右移动黑色滑块，如图 3-25，调整之后图片清晰了，如图 3-26 所示。

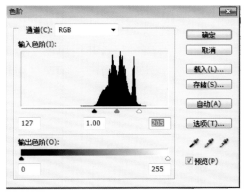

图 3-25　调整色阶　　　　　　图 3-26　调整色阶之后的图片效果

2. 可选颜色

该命令可以对图像中限定颜色区域中各像素的 Cyan（青）、Magenta（品红）、Yellow（黄）、Black（黑）四色油墨进行调整，从而不影响其他颜色（非限定颜色区域）的表现。

色彩不够正：打开素材"色彩问题.jpg"图片，虽然清晰度可以，但是天空和海水不够蓝，树木和草地不够绿，建筑外墙色彩也比较暗淡，如图 3-27 所示。

图 3-27 素材"色彩问题.jpg"

（1）调整草地和树木的颜色。选择图层面板下方的"创建调整图层按钮" ⬤，选择"可选颜色"，在"颜色"下拉选项中选择"绿色"，这样将会调整画面中的绿色部分，其他颜色不会被调整到。根据补色的原理，加多青色，减少洋红色，如图 3-28 所示。调整之后可以观察到画面中的树木变绿了，如图 3-29 所示。

图 3-28 调整画面中的"绿色"部分

图 3-29 树木变绿

（2）调整湖水颜色。选择图层面板下方的"创建调整图层按钮" ⬤，选择"可选颜色"，在"颜色"下拉选项中选择"青色"，根据补色的原理，适当加多青色，减少黄色，如图 3-30 所示。调整后湖水更蓝一些，如图 3-31 所示。

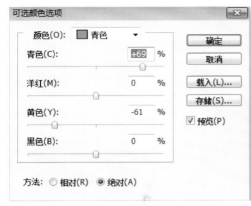

图 3-30 在"可选颜色"中增加青色

图 3-31 湖水变蓝

(3)调整建筑颜色。选择图层面板下方的"创建调整图层按钮"，选择"可选颜色"，在"颜色"下拉选项中选择"红色"，根据补色的原理，适当减少青色，增加洋红色，如图 3-32 所示。调整后原来有些褪色的建筑外墙变成鲜红色，如图 3-33 所示。

图 3-32 在"可选颜色"中减少青色

图 3-33 建筑外墙变红

3. 色相/饱和度

使用"色相/饱和度"，可以调整图像中特定颜色范围的色相、饱和度和亮度，或者同时调整图像中的所有颜色。

(1)色相不统一

打开素材"色相不统一"，如图 3-34 所示。处理这张图的目的是将器皿中的溶液全部变成黄色。

图 3-34 素材"色相不统一"

（2）调整绿色器皿颜色

执行"图像/色相/饱和度"，在弹出的"图像/色相/饱和度"对话框中"编辑"下拉框中选择"绿色"，图像中的绿色像素会被锁定，此时左右调整色相、饱和度、明度滑块直至变成黄色，如图 3-35 所示。

图 3-35　调整绿色器皿颜色

（3）调整蓝色器皿颜色

执行"图像/色相/饱和度"，在弹出的"图像/色相/饱和度"对话框中"编辑"下拉框中选择"青色"，图像中的蓝色像素会被锁定，此时左右调整色相、饱和度、明度滑块直至变成黄色，如图 3-36 所示。

图 3-36　调整蓝色器皿颜色

（4）原来蓝色和绿色的器皿上还有淡淡的绿色，再次执行"图像/色相/饱和度"，在弹出的"图像/色相/饱和度"对话框中"编辑"下拉框中选择"绿色"，在下方颜色条上略微加大绿色的限定范围，左右调整色相、饱和度、明度滑块直至变成黄色，如图 3-37 和图 3-38 所示。

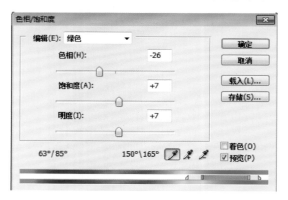

图 3-37　再次调整"图像/色相/饱和度"

图 3-38　器皿中的溶液全部变成黄色

3.2　形状处理

3.2.1　液化工具

"液化"滤镜可以对图像做收缩、推拉、扭曲、旋转等变形处理。

减肚子：

（1）打开素材里的"大肚子.jpg"，如图 3-39 所示，用"液化"中的"向前变形工具"减肚子。

（2）执行"滤镜"|"液化"，选择"向前变形工具"，调整画笔笔头大小，按住鼠标左键将肚子往里收，如图 3-40 所示。

图 3-39　素材"大肚子.jpg"　　　　　图 3-40　肚子往里收之后的效果

3.2.2　自由变换工具

变换细胞形状：

（1）打开素材里的"自由变换.jpg"，如图 3-41 所示，用"自由变换"工具调整细胞的形状。

（2）执行"滤镜"|"液化"，将背景色设置为白色，选择"套索工具"，套取要变形的细胞，按快捷键"Ctrl＋T"，在右键菜单中选择"变形"，用变形手柄调整细胞的形状，如图 3-42 所示。

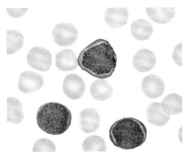
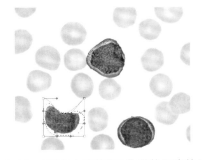

图 3-41　素材"自由变换.jpg"　　　　图 3-42　用"自由变换"工具调整细胞的形状

3.3　细节处理

　　仿制图章工具是 Photoshop 软件中的一个工具,主要用来复制取样的图像。仿制图章工具使用方便,它能够按涂抹的范围复制全部或者部分到一个新的图像中。

　　(1)去掉解剖图上的引导线。打开图片文件,如图 3-43 所示,用"仿制图章"工具去掉黑色引导线。

　　(2)在工具箱中选择"仿制图章"工具,按住 Alt 键的同时,单击鼠标左键,在线旁边取样之后,覆盖黑线。取样的时候根据图像区域的大小和实际情况,调整画笔大小和边缘柔度,如图 3-44 所示。

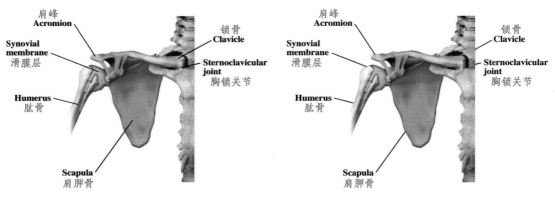

图 3-43　打开图片文件　　　　　　　　图 3-44　用"仿制图章"工具去除内部引线

　　(3)用"磁性套索"工具选取主图,按快捷键"Ctrl＋J"将主图复制到新图层,将背景色设置为白色,选中原图所在图层,按快捷键"Alt＋Backspace"用白色填充,如图 3-45 所示。

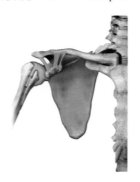

图 3-45　去除外部引线

第 4 章　医疗广告设计

本章内容：
- 💻 医药科技广告设计
- 💻 圣泉中医馆广告设计
- 💻 医食结合广告设计
- 💻 化妆品广告设计

4.1　医药科技广告设计

1. 新建文件。执行"文件" | "新建"，设置大小为 1000 像素×650 像素，"分辨率"为 300，"颜色模式"为"RGB 颜色"，如图 4-1。

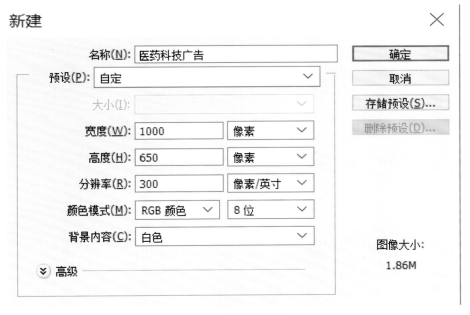

图 4-1　新建图像参数

2. 制作广告背景。新建图层，命名为"背景"。选择画笔工具![画笔]，将画笔大小设置为"500 像素"，"硬度"为"0％"，"前景色"设置为 R227、G97、B55，用画笔在"背景"的左上和右下涂抹，如图 4-2。

图 4-2　创建背景

3. 将素材"药丸.psd"拖入画布中，将"药丸"层的叠加模式设置为"颜色减淡"并将图层的不透明度设置为"40％"，效果如图 4-3。

图 4-3　添加素材"药丸.psd"作为背景

4. 将前景色设置为白色，选择直线工具 ，从左下到右上绘制白色折线，如图 4-4。

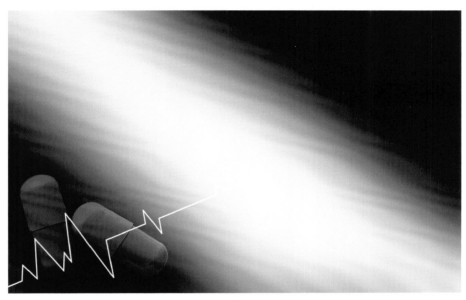

图 4-4　绘制白色折线

5. 将折线图层的叠加方式改为"叠加"，如图 4-5。

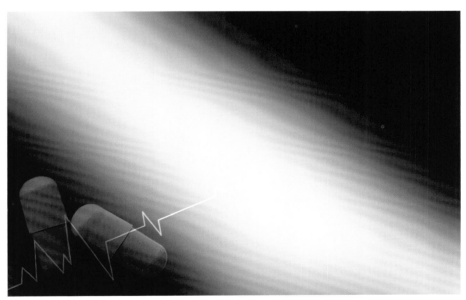

图 4-5　将折线图层的叠加方式改为"叠加"

6. 用同样的方法制作另一边的折线,效果如图4-6。

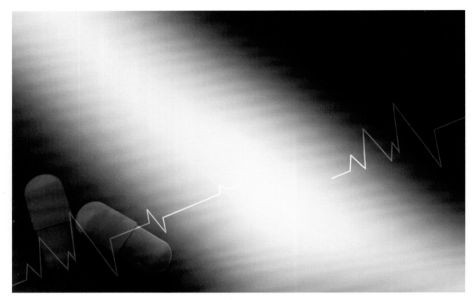

图 4-6　折线效果

7. 将素材"水波.psd"拖入画布中,调整到画布中间合适的位置和大小,如图4-7。

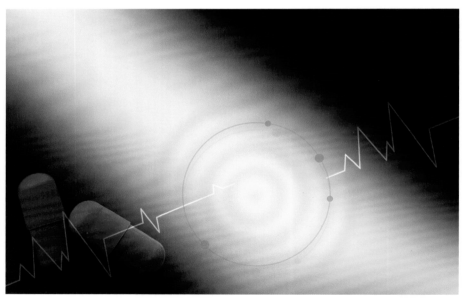

图 4-7　将素材"水波.psd"拖入画布中

8. 将素材"打开的药丸.psd"拖入画布中,调整到画布中间合适的位置和大小,如图4-8。

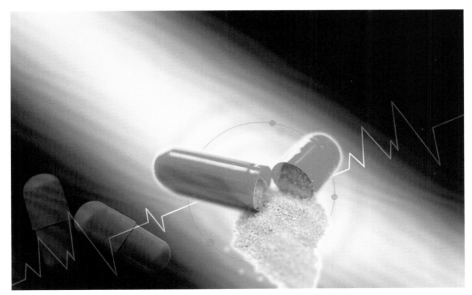

图 4-8　将素材"打开的药丸.psd"拖入画布中

9. 选择画笔工具 ,调整画笔直径、硬度、大小及颜色,在画布中绘制装饰光点,效果如图 4-9。

图 4-9　在画布中绘制装饰光点

10. 添加文字。将素材"text.psd"拖入画布中,调整其位置和大小,如图 4-10。

图 4-10 将素材"text.psd"拖入画布中

4.2　圣泉中医馆广告设计

1. 新建文件。执行"文件"|"新建",设置大小为 15 厘米×15 厘米,"分辨率"为 72,"颜色模式"为"RGB 颜色",如图 4-11。

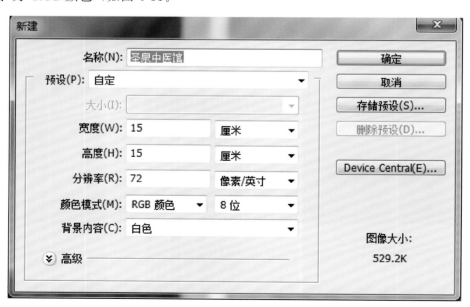

图 4-11 新建文件的参数设置

2. 加载素材。将素材"晨曦.jpg"拖入画布中，调整其位置和大小，使其刚好平铺画布，如图 4-12。

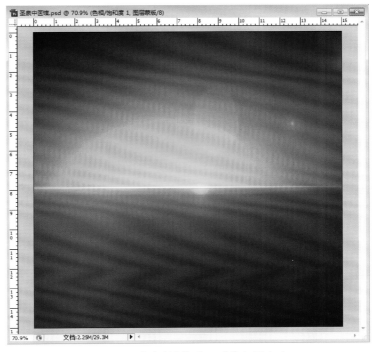

图 4-12　将素材"晨曦.jpg"拖入画布中

3. 调整海平面的色调。将素材"海平面.jpg"拖入画布中，调整其位置和大小，点击图层面板下方的"图层调整"按钮◯，，选择"色相/饱和度"选项，在弹出的窗口中设置"色相"值为"—180"，"饱和度"值为"45"，"明度"值为"5"，如图 4-13。

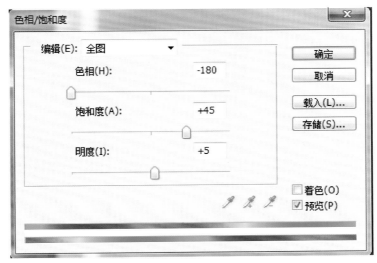

图 4-13　调整"色相/饱和度"

4. 按住 Alt 键的同时,将鼠标置于"饱和度调整图层"与"海平面"图层之间,当鼠标变成向下的箭头时,单击创建剪切蒙版,使得"饱和度调整图层"只对"海平面"图层起作用,其他图层不受影响,效果如图 4-14,图层面板如图 4-15。

图 4-14　调整海平面的色相和饱和度

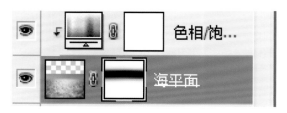

图 4-15　创建剪切蒙版图层面板上的显示

5. 点击图层面板下方的"添加图层蒙版"，将"前景色"设置为黑色,画笔"主直径"为"250 px","硬度"为"0％",用画笔在"海平面"图层上涂抹,使得"海平面"图层与"晨曦"图层之间过渡自然,如图 4-16。

图 4-16　利用图层蒙版工具使得"海平面"图层与"晨曦"图层之间过渡自然

Tips：

　　在图片合成中，图层蒙版技术可以使素材之间自然过渡，添加图层蒙版之后，将画笔设置为柔边，前景色设置为黑色，在图片边缘涂抹，可以擦去图片边缘；前景色设置为白色，可以将擦去的图片恢复成原始的样子。而橡皮擦工具是将图片实际擦除，破坏了原来的图片，再想恢复就麻烦多了。

　　6. 处理"大厦"图片。打开素材"大厦.jpg"，选择"背景橡皮擦" ，擦除图片上方的背景，如图 4-17。

图 4-17　素材"大厦.jpg"

7. 用"裁剪工具" 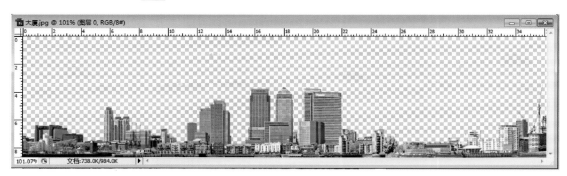 裁去"大厦"图片下方多余的部分,如图4-18。

图4-18 裁去"大厦"图片下方多余的部分

8. 制作金色的大厦。将处理好的"大厦"素材拖入画布中,调整其位置和大小。点击图层下方的"图层调整"按钮 ，选择"颜色叠加",在弹出的面板中将颜色设置为R251、G189、B22,"混合模式"设置为"颜色加深",如图4-19和图4-20。

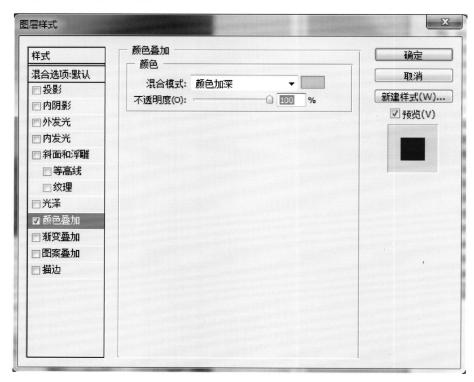

图4-19 "颜色叠加"参数设置

图 4-20　金色的大厦

9. 制作大厦倒影。选中"大厦"所在图层,按下快捷键"Ctrl＋J"生成图层副本,执行"编辑"|"变换"|"垂直翻转",并移动副本图层到合适的位置,如图 4-21。

图 4-21　大厦倒影

10. 给"大厦副本"图层添加图层蒙版,将前景色设置为黑色,背景色设置为白色。点击工具条上的"渐变"按钮,在预设中选择"前景色到背景色"渐变模式,在图层蒙版里从下往上拉动渐变,形成倒影效果,如图 4-22。

图 4-22　减淡大厦倒影

11. 将素材"红带.psd""八卦轮.psd""星光 1. psd""星光 2. psd""月亮.psd"拖入画布中,调整素材的位置和大小,如图 4-23。

图 4-23　添加素材之后的效果

12. 安装"叶根友毛笔行书简体",在工具箱中选择"横排文字蒙版"工具 ,设置字体"叶根友毛笔行书简体",字号为"40 px",输入文字"圣泉中医馆",创建文字选区,如图 4-24。

图 4-24　创建文字选区

13. 设置前景色为 R214、G157、B81,背景色为 R254、G247、B191,新建一个图层,选择"渐变工具",从上到下拉动鼠标,在文字选区上创建前景色到背景色的线性渐变,如图 4-25。

图 4-25　在文字选区上创建前景色到背景色的线性渐变

14. 给"圣泉中医馆"文字所在图层添加投影图层样式,将"距离"设置为"3 像素","大小"设为"3 像素",如图 4-26 和图 4-27。

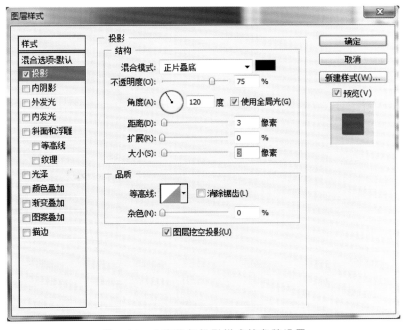

图 4-26　文字添加投影样式的参数设置

图 4-27　添加投影之后的文字效果

15. 安装"Baskerville Old Face"字体。在工具箱中选择"横排文字蒙版"工具 ，设置字体"Baskerville Old Face"，字号为"13 px"，输入文字"SHENG QUAN HOSPITAL TCM"，创建英文文字选区。用上述中文字体同样的渐变和投影参数设置英文字体，如图 4-28。

图 4-28　创建英文广告字

4.3　医食结合广告设计

1. 新建文件。执行"文件"|"新建"，设置大小为 550 像素×700 像素，"分辨率"为 96，"颜色模式"为"RGB 颜色"，如图 4-29。

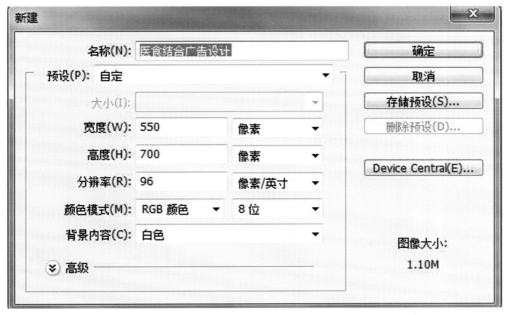

图 4-29　新建文件的参数

2. 新建图层，将前景色设置为 R76、G9、B11，按"Alt＋Backspace"键填充前景色，如图 4-30。

图 4-30　制作背景

3. 将前景色设置为 R231、G210、B124,背景色设置为 R239、G228、B188,选择"渐变工具",模式为"线性渐变",点击工具栏上的渐变条调出"渐变编辑器",在渐变条中间添加一个渐变颜色控制节点,将渐变条设置为两头为前景色,中间为背景色,如图 4-31。

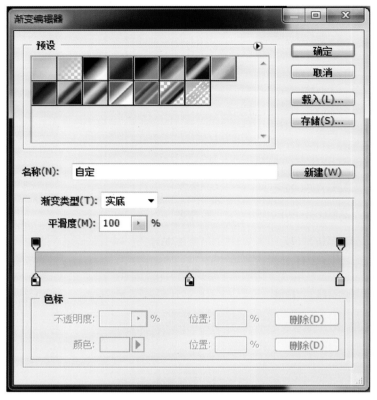

图 4-31　渐变参数的设置

4. 新建一个图层,创建矩形选区,从右上到左下拉动渐变条,如图 4-32。

图 4-32　渐变效果

5. 将"传统花纹.jpg"拖至画布,按住 Alt 键的同时将鼠标移至渐变图层与传统花纹图层之间,点击鼠标左键使得花纹在渐变层上产生遮罩,如图 4-33。

图 4-33　将"传统花纹.jpg"拖至画布

6. 将"传统花纹"图层的"叠加模式"设置为"正片叠加","不透明度"设置为"10％",如图 4-34。

图 4-34　将"传统花纹"图层的"叠加模式"设置为"正片叠加"

Tips：

图片叠加模式指的是一个图层与其下图层的色彩叠加方式，Photoshop 中一共有 27 种图片叠加模式，在设计中"正片叠底"叠加模式可以用来获取上面图层的纹路，而保留下面图层的色彩。

7. 将素材"水墨山水.jpg"拖入画布中，调整其位置与大小，将其图层顺序调至"传统花纹"图层之上，将图层的"叠加模式"改为"正片叠底"，"透明度"改为"50％"，如图 4-35。

图 4-35　添加"水墨山水"素材后的背景效果

8. 选择"水墨山水"图层，点击图层面板底部的"添加图层蒙版"按钮 ▣，给"水墨山水"图层添加图层蒙版，并用黑色画笔编辑图层蒙版，如图 4-36 和图 4-37。

图 4-36　给"水墨山水"图层添加图层蒙版

图 4-37 编辑图层蒙版

9. 新建图层,将前景色设置为 R222、G194、B156,用"矩形工具"绘制矩形区域,如图 4-38。

图 4-38 绘制矩形区域

10. 新建图层,将前景色设置为 R77、G10、B12,选择"直线工具"绘制图形。按快捷键"Ctrl+J"复制图层,并执行"编辑"|"变换"下的"垂直翻转"和"水平翻转",调整图层使其与前面的图案拼合。

同时选中两个图案所在的图层,按快捷键"Ctrl+E"将图层合并。按住 Alt 键的同时拖动鼠标,移动并复制图层,调整图层位置,使其与上面的图案对齐。继续合并图案图层,按住 Alt 键的同时拖动鼠标,移动并复制图层,调整图层位置,使其与上面的图案对齐,如图 4-39。

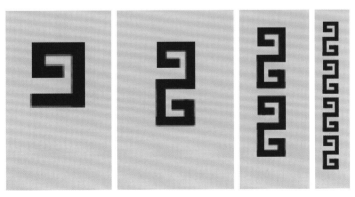

图 4-39 制作古典图案修饰边

11. 重复以上方法,制作出古典图案修饰边,如图 4-40。

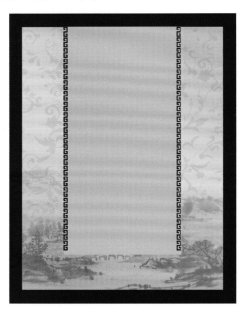

图 4-40　古典图案修饰边

12. 将素材"食疗.psd"拖入画布,调整其大小和位置,如图 4-41。

图 4-41　将素材"食疗"拖入画布

13. 安装字体"叶根友毛笔行书简体",输入文字"食医",字号为"50 px",如图 4-42。点击"图层样式" _fx_,添加"描边"样式,描边大小设为 5 像素,发光颜色为 R211、G165、B65,如图 4-43。

图 4-42　安装字体"叶根友毛笔行书简体"，输入文字"食医"

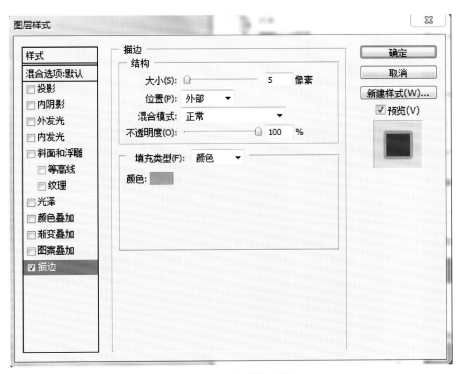

图 4-43　文字描边设置

14. 安装字体"微软简老宋"，输入文字"结合"，字号为"30 px"，调整其位置。选中"食医"文字图层，右键选择"拷贝图层样式"，将发光样式粘贴到"结合"文字图层，如图 4-44。

15. 新建图层，设置前景色为 R105、G63、B26，选择"椭圆工具"，绘制文字圆形底纹，为保证绘制正圆，按住 Shift 键同时拖动鼠标绘制。按住 Alt 键的同时拖动鼠标，将圆形复制成 8 个圆形背景，如图 4-45。

16. 将颜色设置为 R222、G194、B156，字体为"叶根友毛笔行书简体"，输入文字"中国饮食文化特点"，如图 4-46。

图 4-44　文字"结合"效果　　　图 4-45　绘制文字圆形底纹　　图 4-46　"中国饮食文化特点"文字效果

17. 将字体设置为"黑体"，字号为"9 px"，颜色为 R105、G63、B26，选择"竖排文字"工具，输入文字信息，如图 4-47。

图 4-47　竖排文字效果

18. 将素材"筷子.psd"拖入画布中，如图 4-48，调整其位置和大小。点击添加"图层样式"按钮，选择"投影"样式，将投影"大小"和距离"都设置为"13 像素"，如图 4-49。

图 4-48　将素材"筷子"拖入画布中

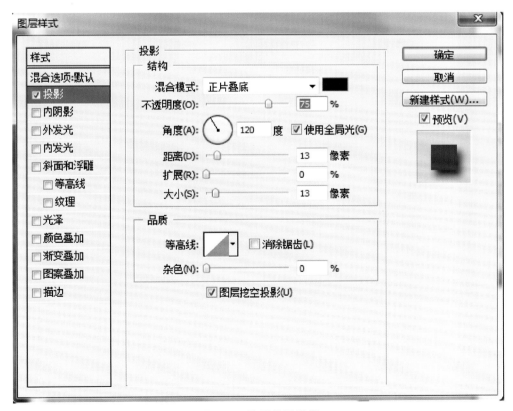

图 4-49　筷子投影设置

19. 最后,将素材"祥云.psd""四角花边.psd""边框.psd""画框.psd"拖入画布中,调整素材的位置和大小,如图 4-50。

图 4-50　最后效果

4.4　化妆品广告设计

1. 新建文件。执行"文件"|"新建"，设置大小为 850 像素×1256 像素，"分辨率"为
"72"，"颜色模式"为"RGB 颜色"，如图 4-51。

图 4-51　新建文件的参数

2. 制作广告背景。将前景色设置为 R9、G59、B135，按快捷键"Alt＋Backspace"填充前
景色，如图 4-52。

图 4-52　制作背景

3. 制作广告背景。将素材"蓝色荷花.jpg"和"蓝色天空.jpg"拖放至画布中,并分别给两个图层添加图层蒙版,使得两个素材之间过渡自然,如图 4-53。

图 4-53 背景效果

4. 制作广告背景。将素材"蓝色星空.jpg"拖放至画布中,调整其位置和大小,将图层的"不透明度"设置为"75％",降低透明度可以隐约看到下面蓝色星空图层,增加背景的层次感,如图 4-54。点击图层下方的"图层调整"按钮 ⬭,选择"颜色叠加",在弹出的设置面板中将叠加颜色设置为 R25、G99、B234,并将不透明度设置为 20％,如图 4-55。

图 4-54 添加蓝色星空背景效果

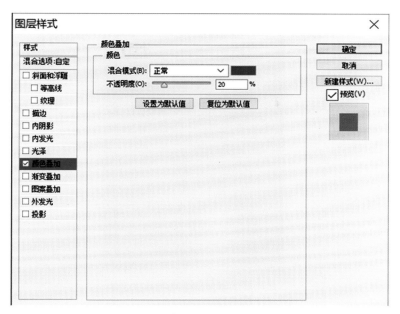

图 4-55　用"颜色叠加"调整背景颜色

　　5. 点击图层下方的新建"调整图层"按钮 ，选择"曲线"，在弹出的曲线调整面板中将曲线往上提起增加图层的亮度，如图 4-56 和图 4-57。

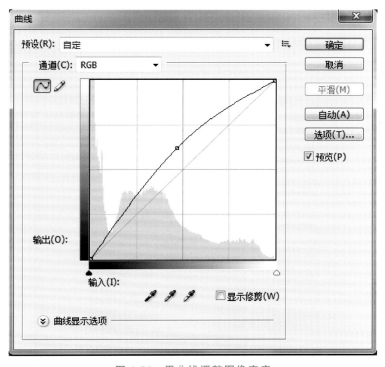

图 4-56　用曲线调整图像亮度

图 4-57　增加图像亮度后的效果

6. 制作背景四周暗角效果。点击图层下方的新建"调整图层"按钮 ⊘.，选择"黑白"，在弹出的黑白调整面板中按默认值点击"确定"，建立黑白调整图层，如图 4-58。将黑白调整图层的"图层混合模式"改为"正片叠底"，并将图层的"不透明度"改为"54％"，给黑白调整图层添加图层蒙版，按下快捷键 D 将前景色恢复为黑色，背景色设为白色。选择"渐变工具"，将渐变模式设置为"径向渐变"，从中间往上拖动鼠标，在图层蒙版中绘制中间黑四周白的效果，如图 4-59，即使得黑白调整图层只在背景四周起作用，如图 4-60。

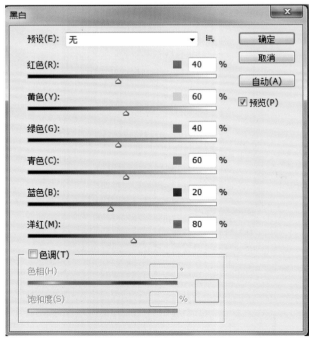

图 4-58　建立黑白调整图层

图 4-59 径向渐变图层蒙版

图 4-60 添加暗角之后的效果

7. 给荷花添加光束。将素材"发光 1. psd"和"发光 2. psd"拖入画布中,将其调整到荷花上面,将两个图层的"叠加模式"都改为"柔光",并调整图层不透明度,效果如图 4-61。

图 4-61 添加荷花光束之后的效果

8. 将素材"产品1. psd"拖入画布中,将其移动到荷花上面,如图4-62。

图 4-62　将"产品 1"移到荷花上

9. 制作炫光条。用钢笔工具绘制炫光路径,并用曲度调节柄调整到合适的曲度,如图 4-63。选择画笔工具,点击"画笔预设"按钮 ![], 在"形状动态"面板中,将"大小抖动"设置为"65％",如图4-64。在"散布"面板中,勾选"两轴","数量"设置为"2","数量抖动"设置为"67％",如图4-65。设置完毕之后,新建图层命名为"炫光条1",选择钢笔工具,点击右键选择"描边路径",在弹出的"描边路径"对话框中选择"画笔"描边,并勾选"模拟压力",效果如图4-66。

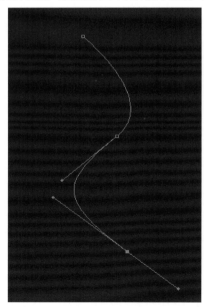

图 4-63　用钢笔工具绘制炫光路径

图 4-64　设置画笔的"形状动态"参数

图 4-65 设置画笔的"散布"参数

图 4-66 用画笔描边路径

10. 制作炫光条的晕染效果。按快捷键"Ctrl＋J"将"炫光条 1"图层复制一份，将图层命名为"炫光条 2"，执行"滤镜"|"模糊"|"表面模糊"，在弹出的"表面模糊"对话框中，将"半径"设置为"10 像素"，"阈值"设置为"150 色阶"，如图 4-67。点击图层下方的"图层调整"按钮，选择"投影"，在弹出的设置面板中将投影"距离"和投影"大小"都设置为"5 像素"，效果如图 4-68。

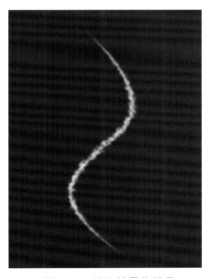

图 4-67 表面模糊参数的设置

图 4-68 炫光的晕染效果

11. 增加"炫光条"亮度。将"炫光条 1"图层复制一份，将图层命名为"炫光条 3"，将图层"炫光条 3"移至图层"炫光条 1"的上方，并将"图层叠加模式"改为"变亮"，接着在按住 Shift

键的同时选中图层"炫光条 1"和"炫光条 2",效果如图 4-69。

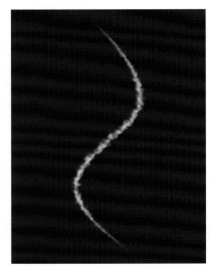

图 4-69 增加"炫光条"后的效果

　　12. 制作白色星光带。选择"画笔"工具,将"画笔形状"设置为"星形",点击"画笔预设"按钮 ,在"形状动态"面板中,将"大小抖动"设置为"6％","最小直径"设置为"4％","角度抖动"设置为"35％","圆度抖动"为"76％",如图 4-70;在"散布"面板中,勾选"两轴"值为"250％","数量"设置为"1","数量抖动"设置为"67％",如图 4-71。新建一个图层,命名为"星光 1",用星光画笔描边路径,如图 4-72。

图 4-70 设置画笔的"形状动态"参数

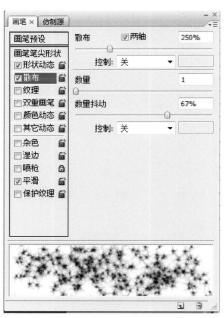

图 4-71 设置画笔的"散布动态"参数

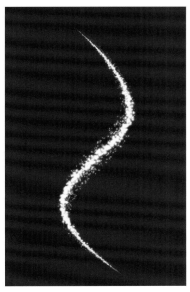

图 4-72　白色星光带效果

13. 制作蓝色星光带。按快捷键"Ctrl＋J",将图层"星光 1"复制一份,命名为"星光 2",点击图层下方的"图层调整"按钮 ，选择"颜色叠加",在弹出的设置面板中将叠加颜色设置为 R16、G171、B237,如图 4-73。用"移动工具" 选择图层"星光 2",用键盘的上下左右方向键微调"星光 2"图层的位置,效果如图 4-74。

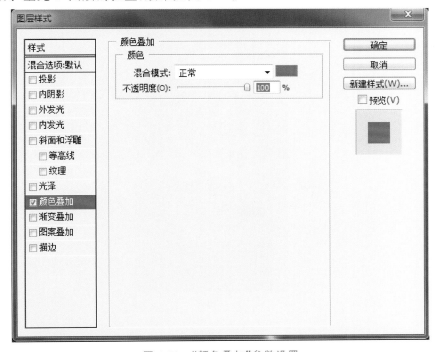

图 4-73　"颜色叠加"参数设置

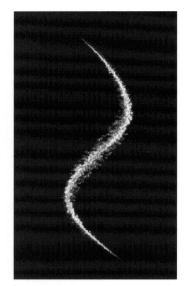

图 4-74　蓝色星光带

14. 制作星光条环绕产品的效果。按住 Shift 键的同时选中图层"炫光条 1""炫光条 2""炫光条 3""星光 1""星光 2",按快捷键"Ctrl＋G"将"炫光条"相关的 5 个图层组合到图层组中,并将图层组命名为"炫光组 1"。选中"炫光组 1"图层组,点击右键选择"复制组",命名为"炫光组 2"。执行"编辑"|"变换"|"水平翻转",调整两条炫光条的位置和大小,使其环绕产品的四周。给图层组"炫光组 1"和"炫光组 2"添加图层蒙版,用黑色画笔编辑蒙版,擦除炫光条多余的部分,做出炫光条环绕产品的效果,如图 4-75。

图 4-75　炫光环绕产品的效果

15. 制作产品被荷花包围的效果。点击蓝色荷花所在图层,用磁性套索工具选取荷花前面部分，如图 4-76，按快捷键"Ctrl＋J"将选取部分复制到新图层，如图 4-77，并在图层面板中将该图层移到"产品"所在图层和"炫光组"图层的上面，效果如图 4-78。

图 4-76　在荷花上创建部分选区

图 4-77　复制选取的荷花图层

图 4-78　产品被荷花包围的效果

　　16．绘制星光。新建图层组，命名为"星光组"，新建一个图层，命名为"圆光"，选择"画笔"工具，将"前景色"设置为"白色"，"画笔大小"设置为"30 px"，"硬度"设置为"0％"，在画布中点击鼠标左键绘制一个白点，如图 4-79。按快捷键"Ctrl＋J"将图层"圆光"复制出一个副本，命名为"横光"，选中图层"横光"，按快捷键"Ctrl＋T"，用"变形工具"将圆光压扁拉长，如图 4-80。按快捷键"Ctrl＋J"将图层"横光"复制出一个副本，命名为"竖光"，如图 4-81。选中图层"竖光"，

执行命令"编辑"|"变换"|"旋转 90 度",三个图层共同构成星光效果,如图 4-82。

图 4-79 绘制一个白点

图 4-80 横光

图 4-81 竖光

图 4-82 星光

17. 给产品添加星光装饰。将图层组"星光"复制出若干份副本,调整副本的位置和大小,将星光分布在产品的周围,如图 4-83。

图 4-83 给产品添加星光装饰

18. 制作广告文字。安装字体"方正美黑简体",选择"文字工具",将"字体"设置为"方正美黑简体","大小"设置为"150 点",输入广告文字"璨若光感 裸透美肌",点击文字工具栏上的"字符和段落调板" ,将字符间距 设置为"50",如图 4-84。点击图层下方的"图层调整"按钮 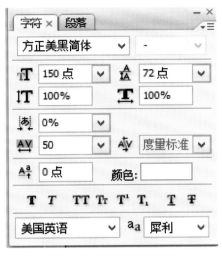，选择"投影"，在弹出的设置面板中将投影的"大小"和"距离"均设置为"3像素"，如图 4-85。勾选"斜面和浮雕"图层样式，将浮雕"大小"设置为"1 像素"，将"阴影模式"的颜色设置为 R146、G120、B29，如图 4-86。勾选"渐变叠加"图层样式，将渐变颜色设置为金色光泽，如图 4-87。最终文字效果如图 4-88。

图 4-84　调整字符间距

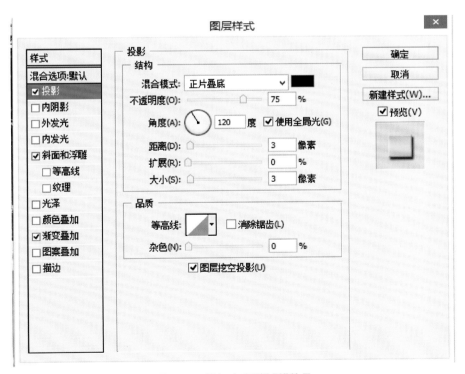

图 4-85　添加文字"投影"效果

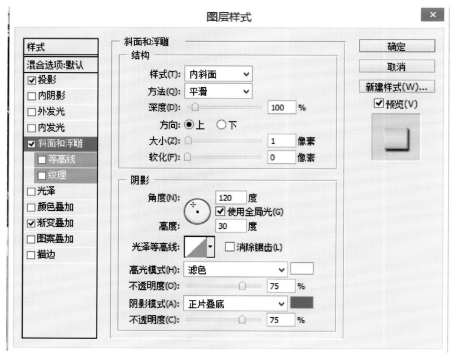

图 4-86　给文字添加斜面和浮雕效果

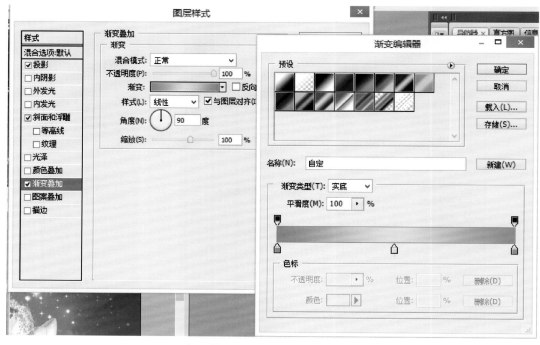

图 4-87　添加金色光泽

图 4-88　广告文字效果

19. 将素材"logo.psd"拖入画布中,调整其位置和大小,如图 4-89。

图 4-89　添加 logo 后的效果

Tips:
　　点击"路径"面板的空白处可以隐藏路径,当需要显示路径时,到"路径"面板中选择相应的路径便可显示路径。

第5章 药品和化妆品包装设计

本章内容：
- 银黄含片包装设计
- 复方丹参丸包装设计
- 化妆品包装瓶设计

5.1 银黄含片包装设计

1. 新建文件。执行"文件"|"新建"，设置大小为 1500 像素×700 像素，"分辨率"为"300"，"颜色模式"为"RGB 颜色"，如图 5-1。

图 5-1　新建图层参数

2. 制作背景。将前景色设置为 R255、G211、B54，按下快捷键"Alt＋Backspace"填充前景色，如图 5-2。

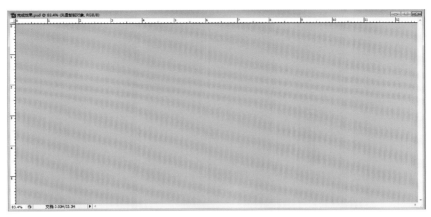

图 5-2 添加背景颜色

3．制作展开图底图形状。选择"钢笔工具" ，绘制展开图形状路径，绘制完毕之后，
按快捷键"Ctrl＋Enter"将路径转换为选区，新建图层并填充白色，如图 5-3。

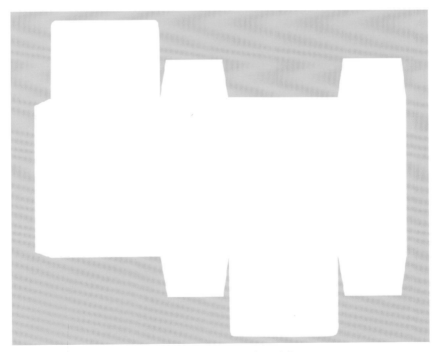

图 5-3 绘制展开图底图形状

4．添加包装图案。打开素材"线条植物.psd"，从中挑选合适的线条植物拖入画布中，按
快捷键"Ctrl＋T"调整线条植物的角度、位置和大小，如图 5-4。点击图层面板下方的添加
"图层样式"按钮 ，选择"颜色叠加"，在弹出的面板中将"颜色"设置为 R87、G185、B200，如
图 5-5。勾选图层样式"投影"，在弹出的面板中将投影"颜色"设置为 R103、G236、B68，"不透明

度"设置为"30％","距离"设置为"6 像素","大小"设置为"68 像素",如图 5-6。

图 5-4　将素材"线条植物"拖入画布中

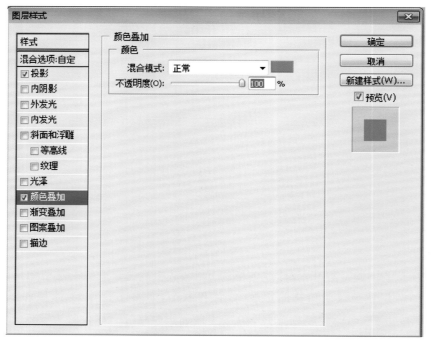

图 5-5　给"线条植物"添加颜色

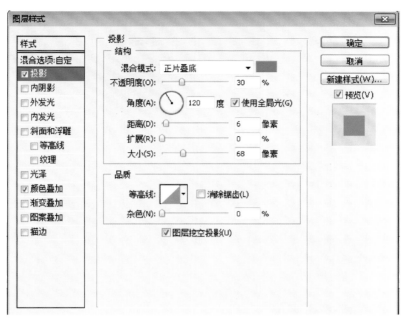

图 5-6   给"线条植物"添加投影

5. 打开素材"植物.psd",从中挑选合适的线条植物拖入画布中,按快捷键"Ctrl＋T"调整线条植物的角度、位置和大小。点击图层面板下方的"图层调整"按钮 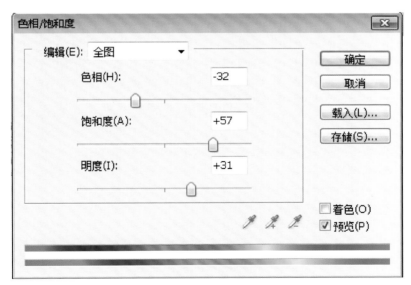,选择"色相/饱和度",按住 Alt 键的同时,将鼠标置于调整图层和植物图层之间,当鼠标变成向下指的箭头时,点击鼠标左键,创建剪贴蒙版,使得"色相/饱和度"调整图层只在植物图层起作用。将"色相"设置为"－32","饱和度"设置为"57","明度"设置为"31",如图 5-7。效果如图 5-8。

图 5-7   调整素材的"色相/饱和度"

图 5-8　添加素材"植物"

6. 制作药品名称。选择"圆角矩形工具",模式为"填充模式",将前景色设置为 R39、G54、B255。绘制圆角矩形,点击图层面板下方的添加"图层样式"按钮 **fx.**,选择图层样式"投影",在弹出的面板中选择投影颜色按钮,将鼠标移至刚才绘制好的蓝色圆角矩形工具上方,用滴管工具拾取投影颜色,投影"距离"设置为"0 像素","扩展"设置为"81%",投影"大小"设置为"4 像素",如图 5-9。选择图层样式"渐变叠加",在弹出的面板中将渐变颜色设置为从 R120、G133、B255 到 R4、G83、B172 的渐变,如图 5-10。选择图层样式"描边",在弹出的面板中将描边"大小"设置为 2 像素,描边"颜色"设置为白色,如图 5-11。效果如图 5-12。

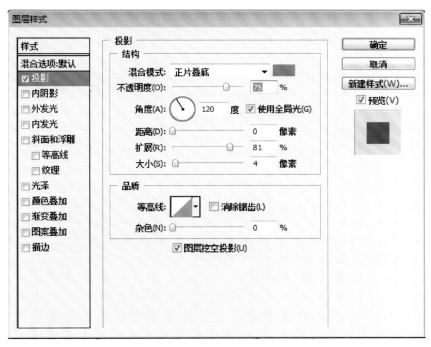

图 5-9　添加药品名称背景区域投影参数设置

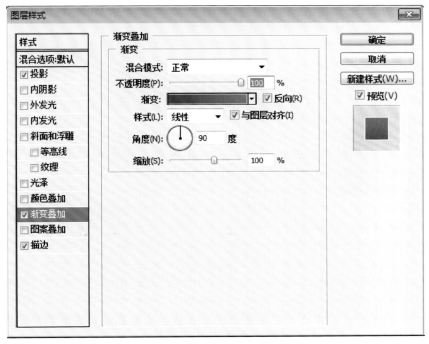

图 5-10　添加药品名称背景区域渐变叠加参数设置

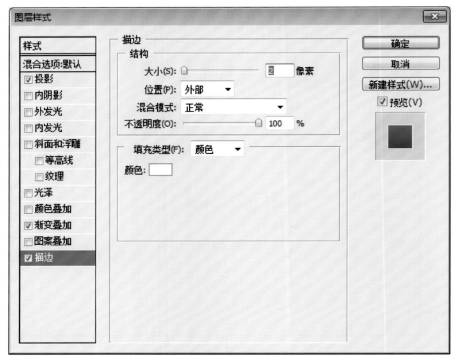

图 5-11　添加药品名称背景区域描边参数设置

图 5-12　药品名称区域背景的效果

　　7. 安装字体"简平和"。选择"直排文字工具",添加药品名称"银黄",将字体设置为"简平和",字体大小设置为"14 点",字体颜色设置为白色,点击图层面板下方的添加"图层样式"按钮 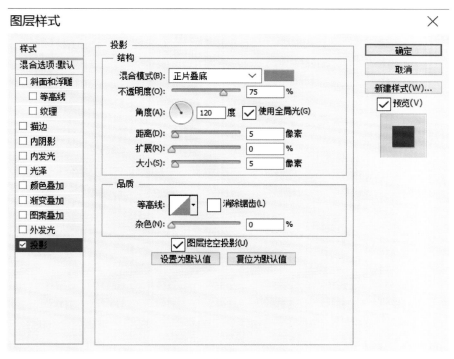，选择图层样式"投影"，在弹出的面板中选择投影颜色按钮，将投影颜色设置为 R93、G188、B249，如图 5-13，将文字移到圆角矩形上方，如图 5-14。

图 5-13　给药品名称添加投影

图 5-14　药品名称的文字效果

8. 安装字体"方正粗倩简体"。选择"横排文字工具",添加文字"含片",将字体设置为"方正粗倩简体",字体大小设置为"5点",字体颜色设置为"白色",将文字移到合适的位置。选择"竖排文字工具",将字体设置为"方正粗倩简体",输入药品的拼音大写"YINHUANGHANPIAN"、药品广告文字"抗感染植物药制剂"、"内含:46片"、"厦门保康西药制药厂"。新建一个"直线"图层,用直线工具绘制文字之间的分隔线。如图 5-15。

9. 打开素材"OTC 标志.psd",将其拖入画布中,并移动到合适的位置,图 5-16。

图 5-15　设置的效果　　　　图 5-16　添加 OTC 标志

10. 制作盒子侧面效果。同时选中"银黄""含片""蓝色矩形""拼音大写""药品广告文字""直线"所在图层,按快捷键"Ctrl+G",将这六个图层创建进图层组中,并命名为"产品名称"。将图层组"产品名称"复制一份,命名为"产品名称侧面",按快捷键"Ctrl+T"调整产品名称大小,并将其移到盒子侧面的位置,如图 5-17。

11. 将素材"药品介绍.psd"拖入画布,将其移到盒子侧面合适的位置,并用文字工具添加厂家信息,如图 5-18。

图 5-17　盒子侧面效果　　　图 5-18　在盒子侧面添加药品介绍文字

　　12. 制作背面和右侧面效果。将背景图层和包装展开图形状所在图层隐藏，按快捷键"Ctrl＋Shift＋Alt＋E"盖印可见图层，将新图层命名为"背面和右侧面"，按住 Shift 键水平移动图层"背面和右侧面"，并用左右方向键微调图层位置，如图 5-19。

图 5-19　背面和右侧面效果

　　13. 制作盒盖顶部效果。选择盒子正面中的"蓝色矩形"图层，按快捷键"Ctrl＋J"将选取复制到新图层，将"蓝色矩形"图层移到盒子顶部位置，选择菜单中的"编辑"|"变换"|"旋转 90 度"。在蓝色矩形上添加文字"银黄含片"，文字大小设置为 6 点，字体设置为"方正粗倩简体"，颜色设置为白色。按住 Shift 键同时选中"蓝色矩形"图层和"银黄含片"图层，按快捷键"Ctrl＋E"将这两个图层合并，命名为"盒盖顶部"。效果如图 5-20。

图 5-20　盒盖顶部效果

14. 制作盒盖底部效果。选择"盒盖顶部"图层，按住 Alt 键的同时按住鼠标左键拖动，将图层"盒盖顶部"复制一份，命名为"盒盖底部"。将"盒盖底部"移动到合适的位置，执行菜单"编辑│变换│垂直翻转"。效果如图 5-21。

图 5-21　盒盖底部效果

15. 制作包装立体效果。将黄色背景隐藏，按快捷键"Ctrl＋Shift＋Alt＋E"盖印可见图层，用"矩形选框"工具选取包装盒正面部分，按快捷键"Ctrl＋J"将选取复制到新图层，新图层命名为"立体正面"，按快捷键"Ctrl＋T"运行变形工具，点击右键选择斜切。用同样的方法制作盒子侧面和正面，并将包装侧面的图层"不透明度"设置为"60％"，将包装顶部图层的"不透明度"设置为"70％"。效果如图 5-22。

图 5-22　包装立体效果

5.2　复方丹参丸包装设计

1. 新建文件。将背景色设置为 R100、G100、B100，执行"文件"|"新建"，设置大小为 2000 像素×1142 像素，"分辨率"为"300"，"颜色模式"为"RGB 颜色"，背景内容为"背景色"，如图 5-23。

图 5-23　新建图像参数

2. 规划包装展开图布局。执行"视图"|"标尺"，或者按快捷键"Ctrl＋R"，显示标尺。选择"移动工具" 从标尺上拖放出辅助线，规划包装展开图布局，如图 5-24。

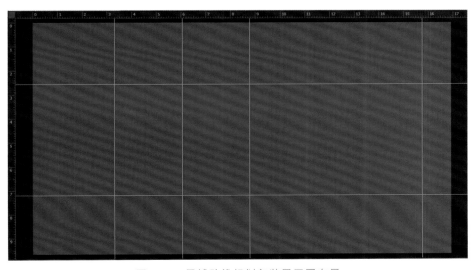

图 5-24　用辅助线规划包装展开图布局

Tips：

1. 选择"移动工具" ，从在标尺上按住鼠标左键的同时往画布移动可以生成辅助线，将鼠标放在辅助线上，当鼠标形状变成 ⬍ 时可以调整辅助线的位置，把位置移动到标尺的位置则可以删除辅助线。

2. 应用辅助线可以规划设计，但如果辅助线妨碍我们观察设计效果时，可执行"视图"|"显示"|"辅助线"或者按下快捷键"Ctrl＋;"控制辅助线的显示或隐藏。

3. 制作背景。将前景色设置为 R100、G100、B100，背景色设置为白色，选择"渐变工具"，渐变模式设置为"径向渐变"，将鼠标置于画布右侧，绘制径向渐变，如图 5-25。

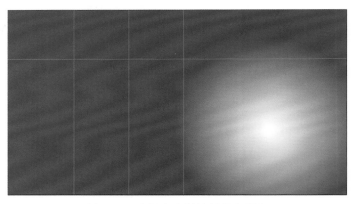

图 5-25　在画布右侧绘制径向渐变

4. 制作包装盒侧面。将前景色设置为 R100、G100、B100，选择"矩形工具"的"填充模式"，在背景上下方绘制矩形，如图 5-26。

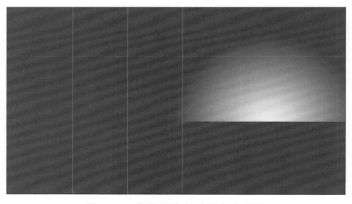

图 5-26　在画笔底部绘制灰色矩形

5. 新建"图层组",命名为"盒侧面 1",新建一个图层,命名为"红色矩形",将前景色设置为 R142、G0、B0,用"矩形工具"根据参考线绘制矩形,如图 5-27。

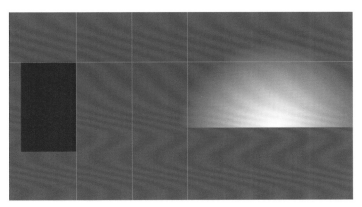

图 5-27　制作盒侧面

6. 将素材"古典底纹.jpg"拖入画布中,调整其位置和大小,使其覆盖在红色矩形上方。将"古典底纹"所在图层置于"红色矩形"图层底纹之上,按住 Alt 键的同时,将鼠标置于两个图层之间,当鼠标变成向下箭头时点击鼠标左键,创建剪贴蒙版。将"古典底纹"图层的"叠加模式"设置为"线性加深",图层"透明度"设置为"50％"。如图 5-28。

7. 新建一个图层,命名为"黄色矩形",将前景色设置为 R255、G240、B0,用"矩形工具"根据参考线绘制矩形。如图 5-29。

8. 将素材"古典底纹.jpg"拖入画布中,调整其位置和大小,使其覆盖在黄色矩形上方。将"古典底纹"所在图层置于"黄色矩形"图层底纹之上,按住 Alt 键的同时,将鼠标置于两个图层之间,当鼠标变成向下箭头时点击鼠标左键,创建剪贴蒙版。将图层"不透明度"设置为"30％"。如图 5-30。

图 5-28　添加盒侧面底纹　　　图 5-29　绘制黄色底纹　　　图 5-30　添加古典底纹背景

9. 将素材"画框.psd"拖入画布中,调整其位置和大小,使其镶嵌在黄色矩形边上。点击图层下方的"图层调整"按钮 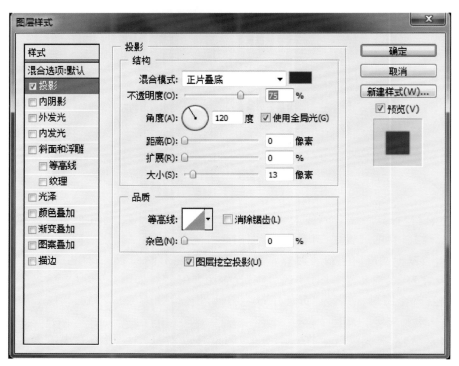,选择"投影",在弹出的面板中将"投影颜色"设置为 R126、G0、B0,投影"大小"设为"13 像素"。如图 5-31 和图 5-32。

图 5-31　给画框投影效果设置参数

图 5-32　添加画框投影效果之后的效果

10. 添加包装盒侧面文字信息。安装字体"方正魏碑简体",选择"文字工具","字体"设置为"方正魏碑简体","文字"大小设置为"13 点","颜色"设置为 R35、G25、B22,"字距"设置为"-145",添加产品名称"复方丹参丸"。如图 5-33 和图 5-34。

图 5-33　包装盒侧面文字信息格式　　　　图 5-34　添加包装盒侧面文字信息

11. 将"字体"设置为"黑体","字号"设置为"4 点","字距"设置为"-25",添加"成分、性状、适应证、用法用量"等信息。如图 5-35。

图 5-35　添加包装信息

12. 安装字体"经典平黑简",将"字体"设置为"经典平黑简","字号"设置为"4 点","颜色"设置为 R35、G25、B22,在工具栏上的"字符和段落调板"上将字体设置为"仿粗体",添加"注意事项"等信息,如图 5-36 和图 5-37。

图 5-36　"注意事项"文字信息格式设置　　　　图 5-37　添加"注意事项"文字信息

13. 将"字体"设置为"黑体"，"字号"为"4 点"，颜色为 R255、G217、B0，"字符间距"为"－25"，添加"厂址、电话、邮编"等信息。如图 5-38 和图 5-39。

图 5-38　"厂址、电话、邮编"等信息的格式设置　　　图 5-39　添加"厂址、电话、邮编"等信息

14. 添加包装盒侧面 logo（商标）。将素材"logo.psd"拖入画布中，调整其位置和大小，如图 5-40。

图 5-40　添加 logo 之后的效果

15. 制作包装盒另一侧面。将图层组"盒侧面 1"复制出副本,命名成"盒侧面 2",并将其移动到辅助线规划的位置,如图 5-41。

图 5-41　包装盒另一侧面效果

16. 将图层组"盒侧面2"中的"成分""性状""适应证""用法用量""注意事项""厂址"等文字图层删除掉,添加"规格、包装、贮藏、有效期、生产日期、产品批号"等信息,如图5-42。

图 5-42　修改包装盒侧面文字信息

17. 制作包装盒正面。新建图层组"盒正面",将前景色设置为 R142、G0、B0,选择"矩形工具"的"填充模式",在背景上下方绘制矩形。将素材"古典底纹.jpg"拖入画布中,调整其位置和大小,使其覆盖在红色矩形上方。将"古典底纹"所在图层置于"红色矩形"图层底纹之上,按住Alt 键的同时,将鼠标置于两个图层之间,当鼠标变成向下箭头时点击鼠标左键,创建剪贴蒙版。将"古典底纹"图层的"叠加模式"设置为"线性加深",图层"透明度"设置为"50％"。效果如图5-43。

图 5-43　包装盒正面底纹效果

18. 选择"多边形套索"工具,绘制多边形选区,新建图层命名为"黄色多边形",填充颜色 R255、G241、B0。效果如图 5-44。

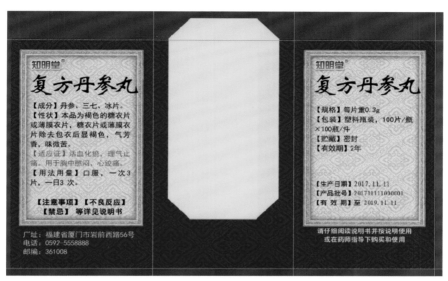

图 5-44 盒正面多边形装饰图效果

19. 点击图层"黄色多边形",点击"图层调整"按钮 ⬤,选择"内阴影",在弹出的面板中将内阴影"颜色"设置为 R126、G0、B0,内投影"大小"为"75 像素","距离"为"0 像素",如图 5-45。效果如图 5-46。

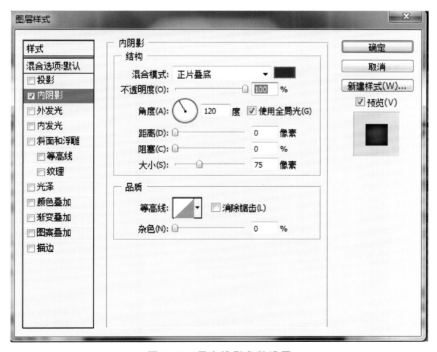

图 5-45 用内投影参数设置

20. 将素材"古典底纹.jpg"拖入画布中,调整其位置和大小,使其覆盖在黄色多边形上方。将"古典底纹"所在图层置于"黄色多边形"图层底纹之上,按住 Alt 键的同时,将鼠标置于两个图层之间,当鼠标变成向下箭头时点击鼠标左键,创建剪贴蒙版,将图层"不透明度"设置为"30％"。效果如图 5-47。

图 5-46　多边形立体效果　　　　　　图 5-47　黄色多边形的底纹效果

21. 将素材"多边形画框.psd"拖入画布中,调整其位置和大小,使其镶嵌在黄色多边形边上。点击图层下方的"图层调整"按钮，选择"投影",在弹出的面板中将"投影颜色"设置为R126、G0、B0,投影"大小"为"40 像素",如图 5-48。效果如图 5-49。

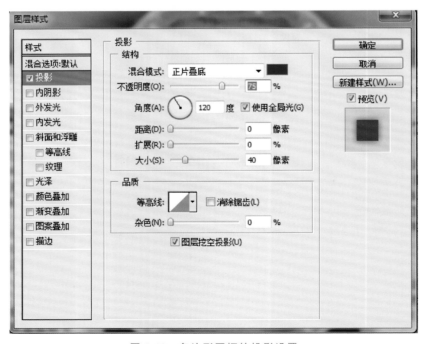

图 5-48　多边形画框的投影设置

图 5-49　多边形画框效果

22. 将素材"人参.psd"拖入画布中,按快捷键"Ctrl＋T"调整其位置和大小,并将其旋转到合适的角度,点击图层下方的"图层调整"按钮 ⚫,选择"光泽"图层样式,在弹出的面板中将"颜色"设置为 R251、G177、B17,"混合模式"设置为"滤色",如图 5-50。勾选"投影",将"不透明度"设置为"45％","距离"设置为"20 像素","大小"设置为"50 像素",如图 5-51。效果如图 5-52。

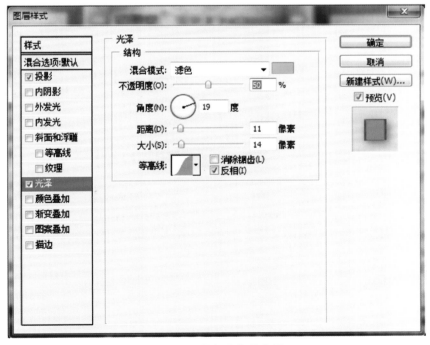

图 5-50　添加人参的光泽

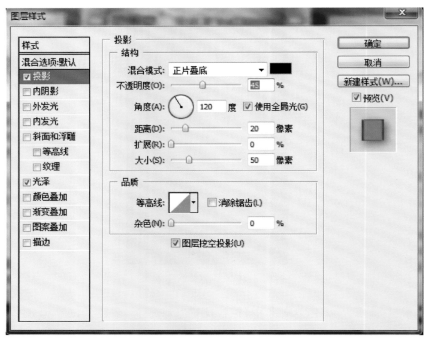

图 5-51　添加人参的投影效果

图 5-52　添加人参素材的效果

23. 新建一个图层,命名为"文字背景",选择"椭圆工具",将前景色设置为 R142、G0、B0,按住 Shift 键绘制圆形。按住 Alt 键将圆形复制出 4 份,将 5 个圆形图层合并,在合并后的图层添加图层样式。设置"投影"图层样式,将投影"颜色"设置为 R126、G0、B0,投影"距离"设置为"0 像素",投影"大小"设置为"26 像素",如图 5-53。选择"内阴影"图层样式,将内阴影"距离"设置为"4 像素",内阴影"大小"设置为"68 像素",如图 5-54。选择"描边"图层样式,将描边"大小"设置为"8 像素",描边"位置"设置为"内部",将描边颜色设置为 R255、G217、B0,如图 5-55。最终效果如图 5-56。

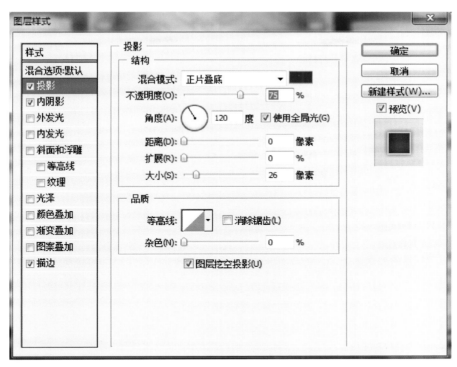

图 5-53　产品名称背景添加投影图层样式

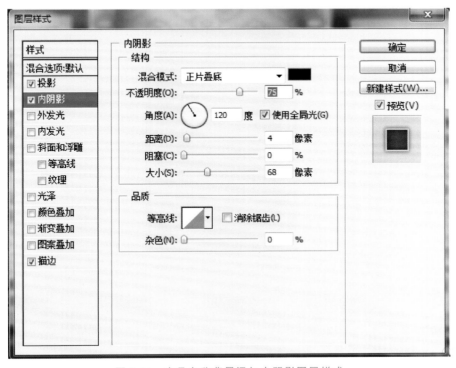

图 5-54　产品名称背景添加内阴影图层样式

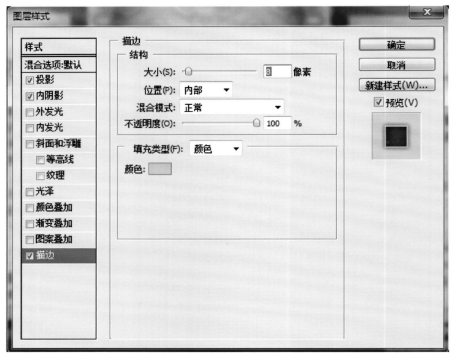

图 5-55　产品名称背景添加描边

图 5-56　产品名称背景效果

24. 选择"文字工具"，将"字体"设置为"方正魏碑简体"，字体"颜色"设置为白色，"字号"设置为"14 点"，"字距"设置为"95"，如图 5-57。输入文字内容"复方丹参丸"，并将其调整到圆形背景上方，如图 5-58。

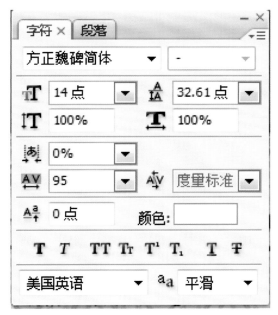

图 5-57　设置药品名称的文字格式

图 5-58　添加药品名称的效果

25. 选择"竖排文字工具" IT，输入文字内容"［100 片／瓶］"，字体设置为"方正大黑简体"，"颜色"设置为 R142、G0、B0。效果如图 5-59。

26. 添加 logo 和公司信息，如图 5-60。

图 5-59　添加"100 片／瓶"的效果

图 5-60　添加 logo 和公司信息的效果

27. 将超出盒正面的部分删除。选择"多边形相框"所在图层，用"选框工具" 将超出盒正面的部分框选，并按 Delete 键删除，用同样的方法删除超出盒正面部分的多边形和底纹。效果如图 5-61。

图 5-61　删除多余部分

28. 制作"盒正面2"。将图层组"盒正面1"复制出副本，命名为"盒正面2"，并将其移到相应的位置，如图 5-62。

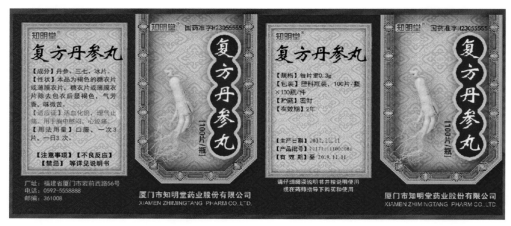

图 5-62　通过复制完成包装盒另一面的效果

29. 制作盒盖。新建图层组"盒盖"，将除了"多边形""多边形底纹""多边形相框"以外的所有图层隐藏，如图 5-63 所示，按下快捷键"Ctrl＋Shift＋Alt＋E"盖印可见图层。用矩形工具框选矩形选区,按快捷键"Ctrl＋J"将选择的部分复制到新图层,把图层命名为"盒盖底纹",并将"盒盖底纹"移到图层组"盒盖"中,然后将盖印图层删除。效果如图 5-64 所示。

图 5-63　用盖印图层功能获取盒盖底纹效果

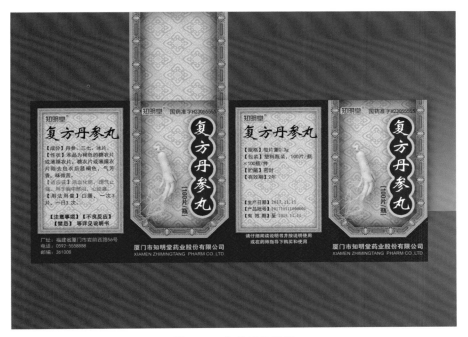

图 5-64　盒盖底纹效果

30. 在图层组"盒正面"中复制"洋参"图层,将图层副本命名为"洋参2",将"洋参2"移到图层工作组"盒正面"中,执行"编辑"|"变换"|"垂直翻转",用同样的方法制作盒盖的文字和logo。效果如图5-65。

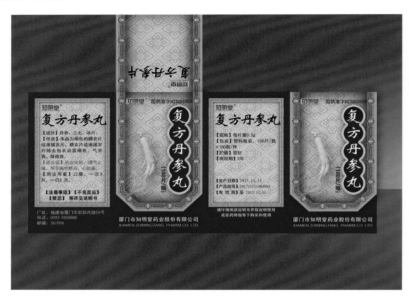

图 5-65   制作盒盖的文字和 logo

31. 制作盒盖2。将图层组"盒盖"复制出副本,命名为"盒盖2",并将其移到相应的位置。执行"编辑"|"变换"|"垂直翻转",完成"盒盖2"的制作。效果如图5-66。

图 5-66   盒子底盖效果

32. 制作立体效果。新建图层组"立体效果"，按下快捷键"Ctrl＋Shift＋Alt＋E"盖印图层，将包装展开效果盖印到新图层，命名为"展开图"。用"选框工具"选取盒侧面，按快捷键"Ctrl＋J"将盒侧面复制到新图层，按下快捷键"Ctrl＋T"，点击鼠标右键选择"斜切"，调整斜切角度，用相同的方法制作包装盒正面和顶面的立体效果，最后将包装盒立体效果移到背景水平线上。效果如图 5-67。

33. 制作立体效果倒影。将立体效果中的盒侧面复制出一个副本，命名为"侧面倒影"，执行"编辑"｜"变换"｜"垂直翻转"，按下快捷键"Ctrl＋T"，点击鼠标右键选择"斜切"，调整斜切角度，使侧面倒影与立体效果里的侧面平行。用同样的方法制作正面倒影，正面倒影图层命名为"正面倒影"，将图层"侧面倒影"和"正面倒影"合并，合并之后的图层命名为"倒影"。将图层"倒影"的"图层叠加模式"设置为"正片叠底"，给"倒影"图层添加"图层蒙版"，用黑色到白色的渐变编辑图层蒙版，制作由有到无的倒影效果，如图 5-68。

图 5-67　立体效果

图 5-68　立体效果的倒影

34．将展开图和立体效果移到合适的位置，如图 5-69。

图 5-69　整体效果

5.3　化妆品包装瓶设计

1．新建文件。执行"文件"｜"新建"，设置大小为 1000 像素×1415 像素，"分辨率"为"72"，"颜色模式"为"RGB 颜色"，如图 5-70。

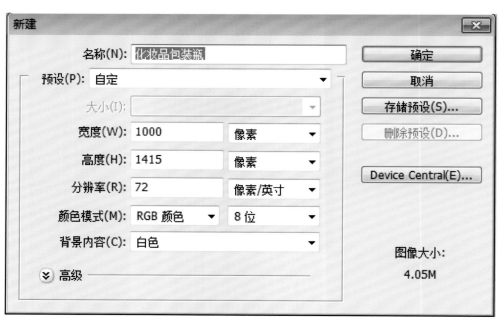

图 5-70　新建文件信息

2. 制作背景。将前景色设置为 R1、G31、B40，按下快捷键"Alt＋Backspace"填充前景色，如图 5-71。

图 5-71　添加背景颜色

3. 新建图层，选择"画笔工具"，将前景色设置为 R0、G195、B231，"大小"设置为"1000 px"，"硬度"设置为"0％"，用画笔在画布上绘制一个柔边圆形，如图 5-72。

4. 按快捷键"Ctrl＋T"将柔边圆形压扁拉长，如图 5-73。

5. 新建一个图层，用画笔工具再次绘制一个柔边圆形，如图 5-74。

6. 绘制瓶身。用钢笔工具绘制瓶身形状路径，按快捷键"Ctrl＋Enter"将路径转换为选区，新建图层，将前景色设置为 R6、G114、B149，按下快捷键"Alt＋Backspace"填充前景色，如图 5-75。

图 5-72　用画笔绘制　　图 5-73　柔边圆形　　图 5-74　再次绘制　　图 5-75　用钢笔工具绘制
　　　　　柔边圆形　　　　　　　　　压扁　　　　　　　　　柔边圆形　　　　　　　　　瓶身形状

7. 制作瓶身立体效果。选中瓶身图层，点击图层面板下方的"图层调整"按钮，选择"渐变叠加"图层样式，在弹出的面板中将"渐变颜色"设置为两头颜色为 R28、G39、B40，中间颜色为 R0、G70、B102，"角度"设置为"0 度"，如图 5-76。最终效果如图 5-77。

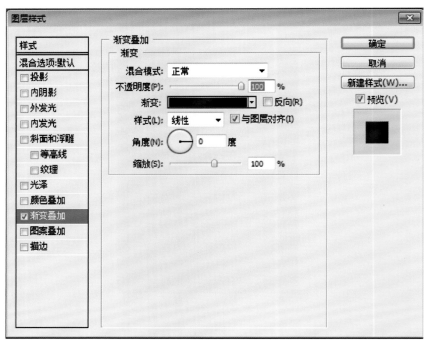

图 5-76　设置瓶身的"渐变叠加"图层样式

图 5-77　瓶身的立体效果

8. 选择"钢笔工具"在瓶身中间绘制四边形路径,按"Ctrl+Enter"将路径转换为选区,新建图层,命名为"瓶身中间",并用黑色填充四边形,如图 5-78。

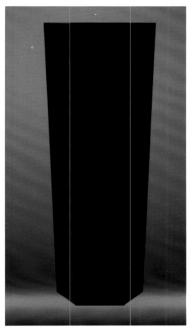

图 5-78　用黑色填充瓶身正面

9. 选中"瓶身中间"图层,点击图层面板下方的"图层调整"按钮 ,选择"渐变叠加"图层样式,在弹出的面板中将"渐变颜色"添加成四个渐变节点,颜色分别是 R8、G1、B3,R0、G112、B156,R0、G112、B156,R0、G0、B0,"角度"设置为"0 度",如图 5-79。效果如图 5-80。

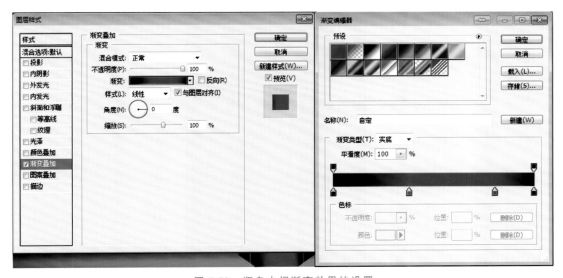

图 5-79　瓶身中间渐变效果的设置

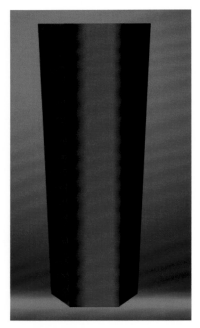

图 5-80　瓶身中部的渐变效果

10. 选择"钢笔工具"在瓶身左边绘制四边形路径,按"Ctrl＋Enter"将路径转换为选区,新建图层,命名为"瓶身左侧",并用绿色填充四边形,如图 5-81。

图 5-81　填充瓶身左侧

11. 选中图层"瓶身左侧"，点击图层面板下方的"图层调整"按钮 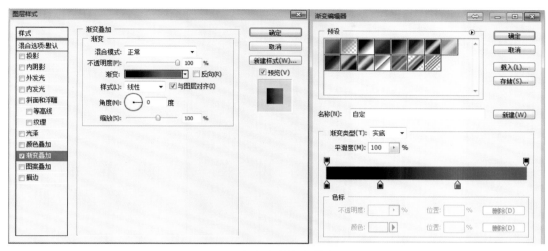，选择"渐变叠加"图层样式，在弹出的面板中将"渐变颜色"添加成三个渐变节点，颜色分别是 R8、G1、B3，R0、G49、B71，R1、G149、B187，"角度"设置为"0 度"，如图 5-82。效果如图 5-83。

图 5-82　瓶身左侧渐变叠加设置

图 5-83　瓶身左侧渐变颜色叠加效果

12. 选择"钢笔工具"在瓶身左边绘制四边形路径，按"Ctrl＋Enter"将路径转换为选区，新建图层，命名为"瓶身右侧"，并用绿色填充四边形，如图 5-84。

图 5-84　填充瓶身右侧

13. 选中图层"瓶身右侧",点击图层面板下方的"图层调整"按钮 ⬤，选择"渐变叠加"图层样式,在弹出的面板中将"渐变颜色"添加成三个渐变节点,颜色分别是 R8、G1、B3,R0、G49、B71,R1、G149、B187,"角度"设置为"0 度",如图 5-85。最终效果如图 5-86。

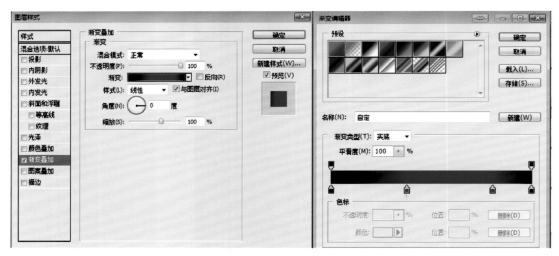

图 5-85　瓶身右侧渐变颜色设置

图 5-86　瓶身右侧添加渐变颜色效果

14. 给图层"瓶身右侧"添加图层蒙版，用黑色画笔编辑图层蒙版，使得瓶身立体效果更明显些，如图 5-87。

图 5-87　瓶身右侧的立体效果

15. 制作左侧修饰边。选择"钢笔工具"，将模式设置为"路径"，配合 Shift 键沿着瓶身左面与正面交接绘制直线路径。点击"画笔工具"将"画笔大小"设置为"3 像素",颜色为R157、G64、B211,新建一个图层,命名为"左侧修饰边",选择"钢笔工具",在路径上点击右键,选择用画笔描边路径,并勾选"模拟压力"。点击图层面板下方的"图层调整"按钮 ,选择"颜色叠加"图层样式,在弹出的面板中将"颜色叠加"颜色设置为 R142、G142、B142,如图5-88。将图层"左侧修饰边"复制一份,用左右方向键轻移副本的位置,并将副本图层的"不透明度"设置为"20%",将此图层合并到"左侧修饰边"图层中,效果如图 5-89。

图 5-88　左侧修饰边　　　　图 5-89　左侧添加修饰边之后的效果

16. 制作右侧修饰边。将图层"左侧修饰边"复制一份,命名为"右侧修饰边",用"移动工具"和"旋转工具"将图层"右侧修饰边"调整到瓶子正面与右侧之间的间隔线上,如图5-90。

17. 选择"钢笔工具",在瓶身前绘制路径,将路径转为选区,命名为"正面光泽",在选区中填充 R204、G183、B167,如图 5-91。

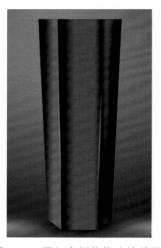 

图 5-90　添加右侧修饰边的效果　　　图 5-91　绘制瓶身正面光泽

18. 添加图层蒙版,选择"画笔工具"并将"画笔大小"设置为"66 像素","颜色"设置为黑色,用画笔擦除形状中间的位置,如图 5-92。

19. 选中图层"正面光泽",点击图层面板下方的"添加图层样式"按钮 **fx.**,选择"颜色叠加"图层样式,在弹出的面板中将叠加颜色设置为 R166、G219、B237,如图 5-93。

图 5-92　修改瓶身正面光泽　　　　图 5-93　添加正面光泽颜色

20. 制作"正面高光"效果。新建一个图层,命名为"正面高光",点击"画笔工具",将"画笔大小"设置为"200 px","硬度"设置为"25%","颜色"设置为 R140、G209、B237。效果如图 5-94。按快捷键"Ctrl＋T"调整柔边圆形的大小,并将其移到合适的位置,将图层"正面高光"的"不透明度"设置为"35%"。效果如图 5-95。

图 5-94　正面高光点　　　　　图 5-95　添加正面高光点后的效果

21. 制作玻璃瓶底部透视纹路。新建一个图层,选择"椭圆选框工具",按住 Shift 键绘制圆形选区。选择"渐变工具"将渐变色设置成两端为 R63、G112、B125,中间为 R250、G250、B250,在圆形选区中绘制渐变,如图 5-96。将图层"渐变圆形"复制 4 次,按快捷键"Ctrl＋T"用变形工具配合 Alt 键调整每个圆形大小。将所有圆形图层合并,命名为"圆形渐变",如图 5-97。

图 5-96　渐变圆形

图 5-97　四个渐变圆形合并制成玻璃纹路

Tips:

在变形工具中，配合 Alt 键可以实现以中心为变形点，配合 Shift 键可以实现等比例变形。

22. 点击图层面板下方的"创建调整图层"按钮，选择"曲线工具"，按住 Alt 键的同时将鼠标移至"曲线调整图层"与"渐变圆形"图层之间，当鼠标变成向下箭头时点击鼠标左键，创建剪贴蒙版，使得曲线只对"渐变圆形"图层起作用。在"曲线"面板中将曲线往下压，如图 5-98，降低"渐变圆形"的亮度。按快捷键"Ctrl＋E"将"曲线"调整图层合并到"渐变圆形"图层中。效果如图 5-99。

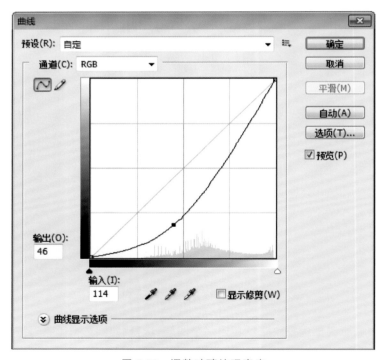

图 5-98　调整玻璃纹理亮度

图 5-99　调整亮度之后的玻璃纹理效果

23. 将"渐变圆形"移到瓶子底部，按快捷键"Ctrl＋T"调出变形工具，右键选择"变形"，调整变形点使得"渐变圆形"形状与瓶底形状相配。给图层"渐变圆形"添加蒙版，将"渐变圆形"上部分擦除，如图 5-100。

24. 将图层"渐变圆形"的叠加模式改为"柔光"，制作出瓶子底部透视纹路，如图 5-101。

25. 打亮底部纹路，将图层"渐变圆形"复制一份，命名为"渐变圆形 2"，将图层"渐变圆形 2"的"图层叠加模式"改为"滤色"，"不透明度"改为"100％"，如图 5-102。

图 5-100　将玻璃纹路添加到瓶子底部

图 5-101　瓶子底部透视纹路

图 5-102　加强底部纹路效果

26. 提高瓶身侧面亮度。用"钢笔工具"描出瓶身侧面轮廓，并转换为选区，执行"选择"|"修改"|"羽化"，"羽化半径"设置为"1 像素"，将前景色设置为 R240、G240、B240，新建图层命名为"左侧亮度"，填充前景色，如图 5-103。给"左侧亮度"图层添加图层蒙版，将画笔颜色设置为 R200、G200、B200，用浅灰色画笔编辑图层蒙版，使得外侧亮度稍暗，中间稍亮，如图 5-104。将图层"左侧亮度"的透明度设置为"20％"，如图 5-105。

图 5-103　左侧亮度区域

图 5-104　编辑左侧亮度区域

图 5-105　提高瓶身侧面亮度

　　27. 增加瓶身的立体效果。选中图层"右侧修饰边"，按两次"Ctrl＋J"将图层"右侧修饰边"复制两份，分别命名为"线1"和"线2"，如图5-106。适当调整线条的大小和角度，将其移到瓶身合适的位置，并将图层"不透明度"都改为"12％"，如图5-107。

图 5-106　复制右侧装饰边

图 5-107　增加瓶身的立体效果

　　28. 加强正面光泽。选中图层"正面光泽"，按"Ctrl＋J"将图层"正面光泽"复制一份，命名为"正面光泽 2",如图 5-108;移动图层调整"正面光泽 2"的位置和大小,并将图层"不透明度"改为"20％",如图 5-109。

图 5-108　加强正面光泽　　　　图 5-109　调整正面光泽

29. 调整底部使得底部过渡自然。使用"钢笔工具"描绘底部结构路径,按"Ctrl＋Enter"将路径转换为选区,将前景色设置为 R0、G34、B54,点击"渐变工具",在"渐变预设"窗口中选择"前景色到透明",新建图层,命为"瓶底过渡",然后由下向上绘制渐变,可以多次拉动渐变使得底部过渡自然,如图 5-110。最后调整图层"不透明度",使得底部纹理不全部被覆盖,如图 5-111。

图 5-110　添加底部过渡效果　　　　图 5-111　调整底部过渡效果

30. 加深瓶底。使用"钢笔工具"描绘底部结构路径,此次范围比前面一次范围小,按"Ctrl＋Enter"将路径转换为选区,将前景色设置为 R0、G34、B54,点击"渐变工具",在"渐变预设"窗口中选择"前景色到透明",新建图层命名为"瓶底",然后由下向上绘制渐变,如图 5-112;可以多次拉动渐变使得底部过渡自然,如图 5-113。最后调整图层"不透明度",如图 5-114。

图 5-112　绘制瓶底渐变矩形　　图 5-113　调整瓶底透明效果　　　　图 5-114　加深瓶底

31. 制作投影。新建一个图层,命名为"投影",在瓶身底部绘制椭圆选区,在选区中填充黑色到透明的径向渐变,将"投影"图层顺序移至瓶身以下,如图 5-115。

图 5-115　投影效果

32. 整体调整瓶身效果。点击图层面板下方的"图层调整"按钮 ⊘. ,选择"色相/饱和度"创建"色相/饱和度"调整图层,如图 5-116。编辑其图层蒙版,使得调整只在瓶身上起作用,蒙版效果如图 5-117。在弹出的面板中将"色相"设置为"195","饱和度"设置为"67",效果如图 5-118。

图 5-116 调整瓶身的"色相/饱和度"

图 5-117 "色相/饱和度"只在瓶身上起作用   图 5-118 调整瓶身效果

    33. 添加瓶盖。将素材"瓶盖.psd"拖入画布中,调整瓶盖的大小和位置,使其与瓶身匹配,如图 5-119。

    34. 制作瓶盖与瓶身之间的衔接。选择"矩形工具",在瓶身与瓶盖之间绘制矩形,如图 5-120,点击图层面板下方的"添加图层样式"按钮 **fx.**,选择"渐变叠加"图层样式,在弹出的面板中设置渐变颜色。将色标 1 颜色设置为 R34、G24、B14,位置为"0%";色标 2 的颜色设置为 R137、G120、B92,位置为"4%";色标 3 的颜色设置为 R246、G236、B224,位置为"17%";色标 4 的颜色设置为 R12、G2、B1,位置为"24%";色标 5 的颜色设置为 R251、G244、B236,位置为"40％"；色标 6 的颜色设置为 R36、G24、B14，位置为"76％"；色标 7 的颜色设置为 R220、G203、B179，位置为"88％"；色标 8 的颜色设置为 R205、G188、B172，位置为"100％"。色标 1 与色标 2 之间没有过渡，色标 2 与色标 3 之间的过渡为"50％"，色标 3 与色标 4 之间没有过渡，色标 4 与色标 5 之间的过渡为"50％"，色标 5 与色标 6 之间的过渡为"95％"，色标 6 与色标 7 之间的过渡为"50％"，色标 7 与色标 8 之间的过渡为"20％"，如图 5-121，效果如图 5-122。

图 5-119 添加瓶盖

图 5-120 绘制瓶盖与瓶身衔接的矩形

图 5-121 瓶盖与瓶身之间的渐变效果设置

图 5-122 瓶盖与瓶身之间的衔接效果

35. 添加 logo 和产品说明。打开素材"logo 和说明.psd"，调整素材的位置和大小，如图 5-123。

图 5-123　添加 logo 和产品说明

36. 制作倒影。隐藏背景之后,按快捷键"Ctrl＋Shift＋Alt＋E"盖印可见图层,将图层命名为"倒影",执行"编辑"|"变换"|"垂直翻转",并将其移至瓶底。给图层"倒影"添加图层蒙版,将前景色设置为黑色,背景色设置为白色,由下向上在图层蒙版上绘制线性渐变。效果如图 5-124。

图 5-124　倒影效果

第6章 医疗网站设计

本章内容：
- 💻 医药公司网站设计
- 💻 医院网站设计

6.1 医药公司网站设计

1. 新建文件。执行"文件"|"新建"，设置大小为 1920 像素×1580 像素，"分辨率"为"72"，"颜色模式"为"RGB 颜色"，如图 6-1。

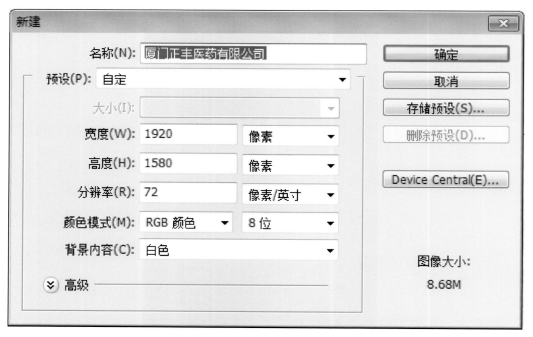

图 6-1 新建文件

2. 制作网站背景。双击前景色,设置为白色,按"Alt＋Backspace"键,填充白色,如图 6-2。

图 6-2　填充背景

3. 创建图层组。点击图层面板底部的文件夹图标 ,创建图层组,并将其命名为"背景",继续创建图层组:公司名、导航条、轮播图、联系方式、内容、页脚,如图 6-3。

图 6-3　创建图层组

4. 制作背景。背景制作过程中的所有图层都建在图层组背景下,将素材"上.jpg"拖入画布中,并将其放在网站的顶部,如图 6-4。

图 6-4　添加背景素材

5. 将素材"山.jpg"拖入画布中,点击图层面板下方的"图层调整"按钮⬤,选择"黑白",将山转成黑白图像,按住 Alt 键的同时将鼠标置于黑白调整图层与图层"山"之间,当鼠标变成向下箭头时,点击鼠标左键,使得黑白调整图层只对"山"起作用。将图层"山"的"图层叠加模式"改为"正片叠底",并将图层透明度改为"20％"。效果如图 6-5。

图 6-5　添加素材"山.jpg"的效果

6. 将素材"山 2.jpg"拖入画布中,将图层"山"的"图层叠加模式"改为"明度",并将图层透明度改为 20％。给图层"山 2"添加图层蒙版,用黑色柔光画笔编辑图片四周,使其与背景融合,如图 6-6。

图 6-6　添加素材"山 2"的效果

7. 将素材"梅花.psd"拖入画布中,将其移到网站的左上角,按快捷键"Ctrl＋J"将梅花图层复制一份,按快捷键"Ctrl＋T"旋转其角度并将其移到网站右上角,如图 6-7。

图 6-7　添加素材"梅花"的效果

8. 将素材"屋顶.psd"拖入画布中,移动至网页顶部,如图 6-8。

9. 将素材"灯.psd"拖入画布中,将其移到屋顶下方,按下快捷键"Ctrl＋J"将"灯"复制出副本,并将其移到合适的位置,如图 6-9。

图 6-8   添加素材"屋顶"的效果

图 6-9   添加素材"灯"的效果

10. 制作公司名。公司名制作过程中建立的图层都在图层组"公司名"内。安装字体"迷你简方隶"和"consolas",输入公司中文名"厦门正丰医药有限公司",将"字体"设置为"迷你简方隶","字号"设置为"55 点","颜色"设置为 R51、G0、B0;输入公司英文名"Xiamen abundant pharmaceutical co,LTD",将"字体"设置为"consolas","字号"设置为"18 点","颜色"设置为 R51、G0、B0,"字距"设置为"100"。效果如图 6-10。

图 6-10　添加公司名

11. 将素材"中华老字号.psd"拖入画布中,将其移到合适的位置,如图 6-11。

图 6-11　添加"中华老字号"

12. 选择工具栏中的"自定义形状"工具 ,加载所有的形状之后选择电话形状,新建一个图层绘制电话图标,用"文本工具"输入"免费招商电话:400-0592-888",将字体设置为"微软雅黑",字号设置为"24 点",颜色设置为 R153、G0、B0。按下快捷键"Ctrl＋J"将文本复制一份,将副本位置下移,执行"编辑"|"变换"|"垂直翻转",给文字副本图层添加图层蒙版,在蒙版上绘制黑到透明的渐变,制作出文字倒影的效果,如图 6-12。

图 6-12　文字倒影效果

13. 制作导航条。导航条制作过程中建立的图层都在图层组"导航条"内。用"矩形选框"工具绘制导航条区域,点击"渐变工具",将渐变颜色设置成两端为 R188、G0、B0,中间为 R162、G0、B0,在导航条矩形区域内绘制渐变,如图 6-13。

图 6-13　添加导航条

14. 新建一个图层,命名为"分隔线",选择"直线工具",将像素"粗细"设置为"1 px",绘制分隔线,给图层"分隔线"添加图层样式,选择"投影"图层样式,将"不透明度"设置为"45%","大小"设置为"5像素",如图6-14;选择"斜面和浮雕"图层样式,将"样式"设置为"浮雕效果","方法"设置为"雕刻清晰","深度"设置为"1%","大小"设置为"6像素",如图6-15;选择"光泽"图层样式,按默认参数设置,如图6-16。效果如图6-17。

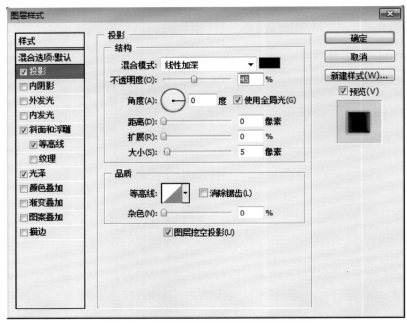

图 6-14　导航条分隔线的投影效果设置

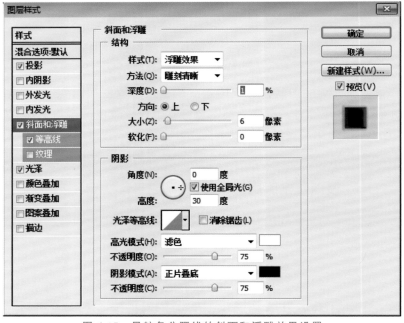

图 6-15　导航条分隔线的斜面和浮雕效果设置

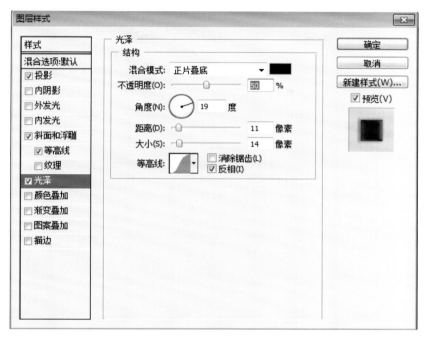

图 6-16　导航条分隔线的光泽效果设置

图 6-17　添加导航条分隔线

15. 选择"文本工具",将"字体"设置为"微软雅黑","大小"设置为"24 点",添加栏目信息,如图 6-18。

图 6-18　添加导航文字

16. 制作 banner 广告栏。导航条制作过程中建立的图层都在图层组"banner 广告栏"内。打开素材"banner.jpg",将其移到导航栏下方,如图 6-19。

图 6-19　添加 banner 的效果

17. 选择"多边形套索"工具，沿着图片"banner"的下沿绘制四边形选区，新建一个图层，命名为"阴影"，将前景色设置为 R123、G123、B123，按下快捷键"Alt＋Delete"填充前景色，如图 6-20。

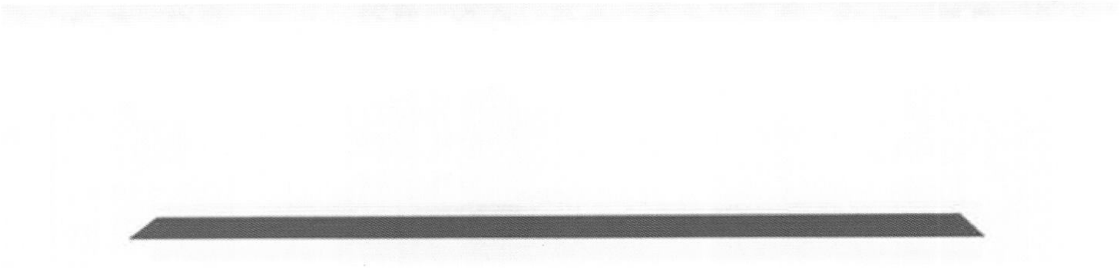

图 6-20　绘制四边形隐形

18. 选择"阴影"图层，执行"滤镜"|"模糊"|"高斯模糊"，将高斯模糊的"半径"设置为 12 像素，如图 6-21。

图 6-21　给矩形添加模糊效果

19. 选择"阴影"图层，按快捷键"Ctrl＋T"，右键选择"变形"，制作出阴影向上凸的效果，如图 6-22。

图 6-22　阴影向上凸的效果

20. 将"阴影"图层移至"banner"图层的下方，完成"banner"投影的制作，如图 6-23。

图 6-23　调整阴影的位置

21. 在"banner"左边空白的地方创建选区,按快捷键"Ctrl＋J",将选区复制到新图层,并将其移至中间覆盖茶壶图形,如图 6-24。

图 6-24　覆盖茶壶图形

22. 打开素材"产品.psd",调整其大小,并将其移至"banner"上合适的位置,如图 6-25。

图 6-25　添加产品图片

23. 安装字体"迷你简行楷碑",选择"竖排文字工具",输入商品名称"筋骨痛贴",将"字号"设置为"80点","字体"设置为"迷你简行楷碑"。将素材"摆件.jpg"移至画布,将摆件图层置于文字图层上方,创建剪贴蒙版,如图6-26。

图6-26　添加产品名称

24. 将素材"文字.psd"移到画布中,调整其位置和大小,如图6-27。

图6-27　添加产品介绍文字

25. 将素材"翻页按钮.psd"移到画布中,调整其位置和大小,按快捷键"Ctrl+J",将按钮复制一份,执行"编辑"|"变换"|"水平翻转",将其按钮副本移至广告栏右边,如图6-28。

图6-28　添加翻页按钮

26．制作产品展示。产品展示制作过程中建立的图层都在图层组"产品展示"内。将素材"卷轴.psd"移到画布中，调整到合适的位置，如图 6-29。

图 6-29　添加产品展示卷轴背景

27．使用"文本工具"，输入"产品展示"，将字体设置为"微软雅黑"，将"产"设置为"28点"，颜色设为白色；"品展示"设置为"24 点"，颜色设置为 R179、G23、B18。选择"椭圆工具"，将前景色设置为 R179、G23、B18，在"产"字下绘制圆形，如图 6-30。

图 6-30　添加产品展示文字效果

28. 选择"矩形工具",在"卷轴"上绘制白色矩形,并给矩形添加描边"图层样式",描边
"大小"设置为"2像素",颜色设为灰色,设置如图6-31,效果如图6-32。

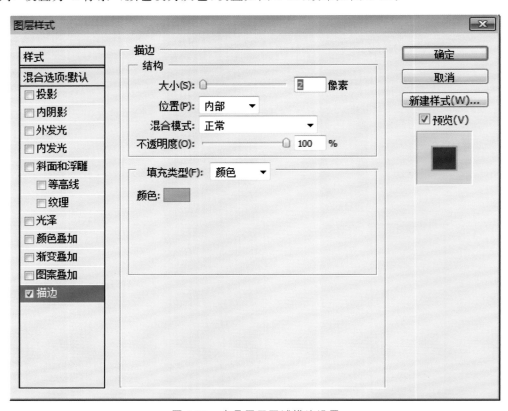

图 6-31　产品展示区域描边设置

图 6-32　绘制产品展示区域

29. 将"产品小图1"拖入画布中,调整其大小和位置,并在白色矩形上创建剪贴蒙版。并在图片下方输入产品名称,如图6-33。

30. 将"产品小图1""白色矩形""产品名称"三个图层同时选中,按下快捷键"Ctrl＋G",将三个图层组合到图层组中,命名为"产品1"。复制"图层组1"三次,并分别命名为"产品2""产品3""产品4"。根据实际需要替换产品照片,如图6-34。

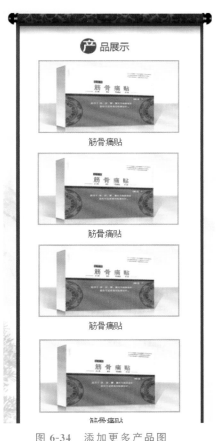

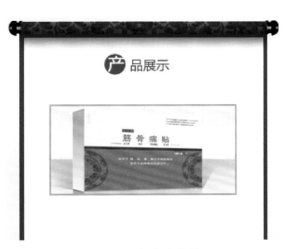

图 6-33　添加产品图　　　　　　　　　图 6-34　添加更多产品图

31. 制作公司介绍。公司介绍制作过程中建立的图层都在图层组"公司介绍"内。选择"椭圆工具",将前景色设置为R153、G0、B0。新建一个图层,命名为"圆形底纹",按住Shift键的同时绘制圆形。在圆形上输入"公",将字体"大小"设置为"20点","字体"设置为"微软雅黑",字体"样式"设置为"浑厚",字体"颜色"设置为R153、G0、B0。继续输入文字"司介绍",将字体"大小"设置为"16点","字体"设置为"微软雅黑",字体"样式"设置为"浑厚",字体"颜色"设置为R153、G0、B0。如图6-35。

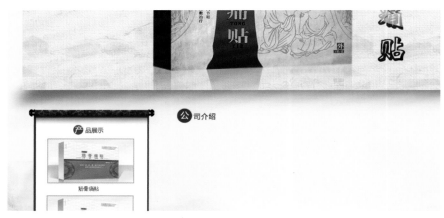

图 6-35　添加公司介绍

32. 设置前景色,用滴管工具拾取"公"底部圆形颜色。在文字下方绘制 1 像素暗红色直线,并将素材"装饰.psd"拖入画布中,移至横线上方,如图 6-36。

图 6-36　公司介绍装饰图

33. 选择"文本工具"框选文字区域,在划定的区域内输入文字,将字体设置为"宋体",字号设置为"15 点",颜色设置为灰色,如图 6-37。

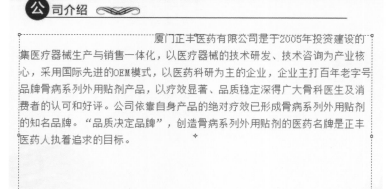

图 6-37　添加公司介绍文本

34. 制作动态资讯。动态资讯制作过程中建立的图层都在图层组"动态资讯"内。用制作标题文字"公司介绍"的方法制作栏目标题"动态资讯"。将"公司介绍"工作组中图层"直线"和"装饰"移动并复制到"动态资讯"栏目中，调整其位置，如图 6-38。

图 6-38　添加动态资讯

35. 输入动态资讯文字内容，将字体颜色设置为灰色，字号设置为"15 点"，字体设为"宋体"，如图 6-39。

动态资讯	
热烈祝贺我公司商标获得...	[2017-07-26]
热烈祝贺我公司喜获《医疗器械生产...	[2017-06-26]
热烈祝贺我公司率先通过ISO9001质量...	[2017-05-26]
热烈祝贺厦门正丰医药有限责任公司网...	[2017-04-26]
热烈祝贺我公司商标获得"...	[2017-03-26]
热烈祝贺我公司喜获《医疗器械生产...	[2017-02-26]

图 6-39　添加动态资讯内容

36. 选择"画笔工具"，将"画笔大小"设置为"1 px"，硬度设置为"100％"，颜色设置为灰色。在画笔工具调板中，将"间距"设置为"300％"，选择"钢笔工具"在文字底部绘制直线路径，新建一个图层，命名为"虚线"，用画笔描边路径。再新建一个图层，命名为"三角"，用直线工具在文字前面绘制三角形，同时选中图层"三角形"和"虚线"，为这两个图层加链锁，将这两个图层绑定到一起，移动并复制"三角形"和"虚线"到每行文字下面。如图 6-40。

动态资讯	
▸ 热烈祝贺我公司商标获得...	[2017-07-26]
▸ 热烈祝贺我公司喜获《医疗器械生产...	[2017-06-26]
▸ 热烈祝贺我公司率先通过ISO9001质量...	[2017-05-26]
▸ 热烈祝贺厦门正丰医药有限责任公司网...	[2017-04-26]
▸ 热烈祝贺我公司商标获得"...	[2017-03-26]
▸ 热烈祝贺我公司喜获《医疗器械生产...	[2017-02-26]

图 6-40　制作动态资讯内容之间的虚线分隔

37．制作公司荣誉。公司荣誉制作过程中建立的图层都在图层组"公司荣誉"内。用制作标题文字"公司介绍"的方法制作栏目标题"公司荣誉"。将"动态资讯"工作组中图层"直线"和"装饰"移动并复制到"公司荣誉"栏目中，调整其位置，如图 6-41。

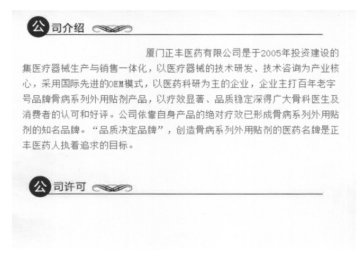

图 6-41　添加公司荣誉

38．打开素材"许可证.jpg"，将其拖入画布中，并移到"公司许可"栏目下，调整其位置和大小，根据公司具体荣誉情况，可继续添加荣誉佐证，如图 6-42。

图 6-42　添加公司许可证

39．制作联系方式。联系方式制作过程中建立的图层都在图层组"联系方式"内。用制作标题文字"公司介绍"的方法制作栏目标题"联系方式"。将"公司许可"工作组中图层"直线"和"装饰"移动并复制到"联系方式"栏目中，调整其位置，并用文字工具添加相应的联系方式内容,如图 6-43。

图 6-43　添加联系方式

40. 制作页面底部广告。将素材"广告.jpg"拖入画布中,并移到页面底部,如图 6-44。

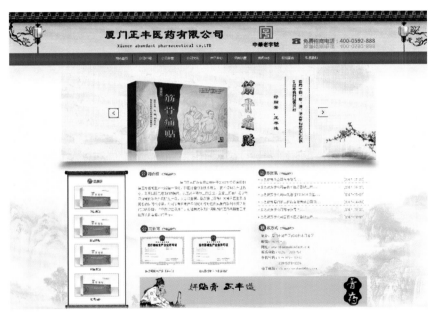

图 6-44　制作页面底部广告

41. 制作页脚。页脚制作过程中建立的图层都在图层组"页脚"内。将素材"栅栏.psd"拖入画布中,并将其移动到页脚位置,如图 6-45。

图 6-45　制作页脚

42. 新建一个图层,在页脚底部绘制矩形,颜色设置为 R153、G0、B0,并添加页脚文字信息，如图 6-46。

图 6-46　页脚效果

最后整体效果如图 6-47。

图 6-47　最终整体效果

6.2　厦门市第一人民医院网站设计

6.2.1　制作网站顶部

1. 新建文件。执行"文件"|"新建",设置大小为 1400 像素×1790 像素,"分辨率"为"72","颜色模式"为"RGB 颜色",如图 6-48。

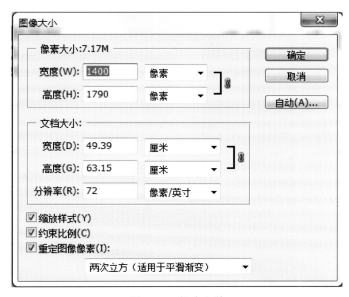

图 6-48　新建文件

2. 制作网站背景。双击前景色,设置为白色,按"Alt+Backspace"键,填充白色,如图 6-49。

图 6-49　添加背景颜色

3. 网站布局。执行"视图"|"标尺",或者按快捷键"Ctrl+R",显示标尺。从标尺上拖放出辅助线,规划网站布局,如图 6-50。

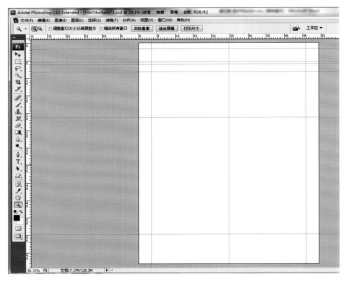

图 6-50　网站布局

4. 创建图层组。点击图层面板底部的文件夹图标,创建图层组,并将其命名为"顶部",再在顶部图层组下面创建"院训"图层组,如图 6-51。

图 6-51　创建图层组

5. 制作院训。双击安装字体"方正行楷_GBK622",输入院训文字"诚信　博爱　勤勉创新",注意该文字图层应创建在"院训"图层组里,如图 6-52。

图 6-52 添加院训

6. 制作分享图标。新建"分享"图层工作组,层级与"院训"图层组并列,将"分享代码.psd"拖入画布中,调整其位置和大小,如图 6-53。

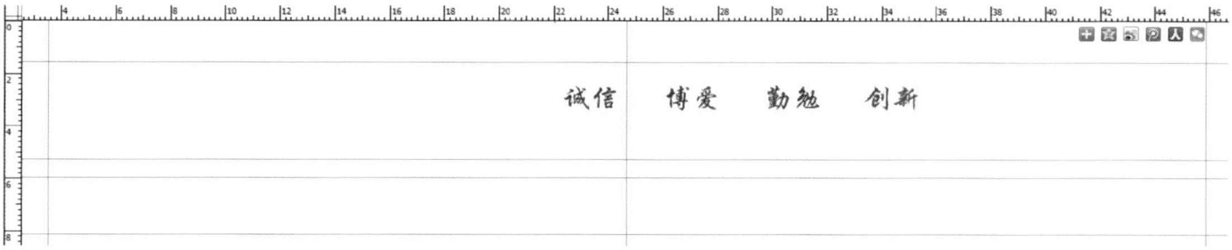

图 6-53 制作分享图标

7. 将字体设置为宋体,字号设为 12 号,输入顶部文字"欢迎光临厦门市第一人民医院官方网站,我院长期坚持'民政医院、服务人民'的宗旨,是你心灵呵护的家园"和"设为首页│加入收藏│分享我们:",如图 6-54。

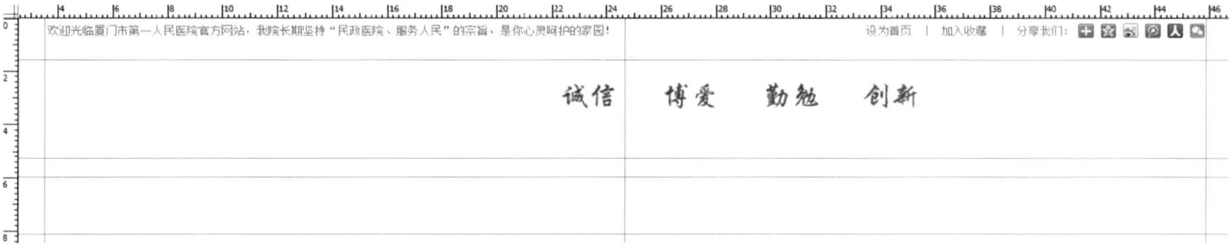

图 6-54 添加分享图标

8. 制作 logo。新建"logo"图层工作组,层级与"分享"图层组并列,将"logo.psd"拖入画布中,调整其大小和位置,如图 6-55。

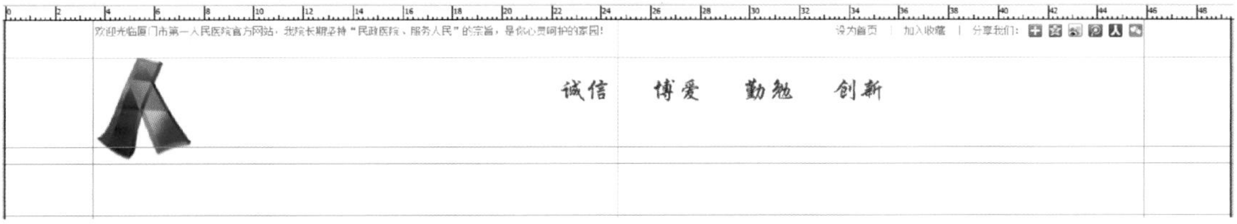

图 6-55 添加 logo

9. 输入 logo 中的文字信息,包括医院中英文名称,如图 6-56。

图 6-56　添加 logo 文字信息

10. 制作搜索栏。新建"搜索"图层工作组,层级与"logo"图层组并列,用"直线工具" 绘制出搜索栏框和下拉标志,用矩形工具绘制蓝色搜索按钮,如图 6-57。

图 6-57　添加搜索栏

11. 绘制放大镜图标。选择"自定义形状工具" ,加载全部形状,如图 6-58。选择放大镜图形,将前景色设置为白色,在蓝色按钮上绘制放大镜形状,如图 6-59。

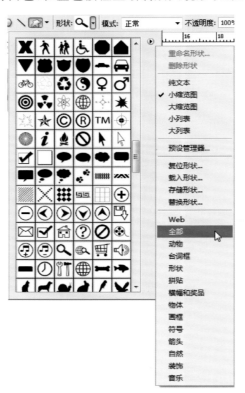

图 6-58　加载全部形状

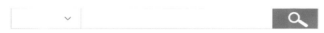

图 6-59 制作放大镜图标

12. 用 12 号宋体输入搜索栏的文字信息，如图 6-60。

图 6-60 添加搜索栏文字信息

13. 制作二维码。将"二维码.psd"拖入画布中，调整其大小和位置，并输入文字信息，如图 6-61。

图 6-61 制作二维码

6.2.2 制作网站导航

1. 制作导航栏背景。点击图层面板底部的文件夹图标，创建图层组，并将其命名为"导航"。新建一个空白图层，根据网站规划的辅助线用"矩形选框"工具创建选区，设置前景色为 R15、G134、B219，背景色为白色。点击"渐变工具"，在选区内绘制蓝色渐变条，如图 6-62。

图 6-62 制作导航栏背景

2. 增加导航栏质感。将"网格.psd"拖至导航栏蓝色背景上，增加导航栏的质感，如图 6-63。

图 6-63 增加导航栏质感

3. 制作导航栏分界线。选择"直线工具",将颜色设为 R10、G183、B217,为了保证直线垂直,绘制直线时按住 Shift 键,如图 6-64。

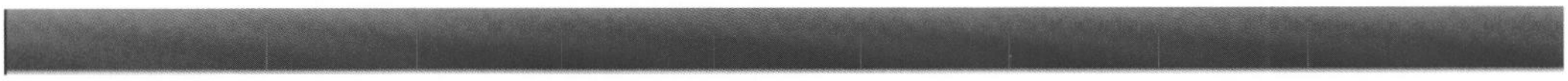

图 6-64　制作导航栏分界线

4. 输入栏目名称。将字体设为"微软雅黑",字号设为"17 点",颜色设为白色,输入栏目名称,其中"就医指南"文字颜色设置为深蓝色,表示被选中的栏目,如图 6-65。

图 6-65　导航栏文字

5. 新建一个图层,在图层上绘制白色矩形,表示栏目被选中的状态,如图 6-66。

| 网站首页 | 医院概况 | 医院动态 | 就医指南 | 护理天地 | 医院文化 | 健康常识 | 人才招聘 | 互动交流 |

图 6-66　被选中导航栏目状态

6. 制作选中下拉菜单。新建"选中效果"图层工作组,层级位于"导航"工作组内,选择"矩形工具",模式为"填充像素",颜色设为 R236、G236、B236,绘制下拉矩形区域,如图 6-67。

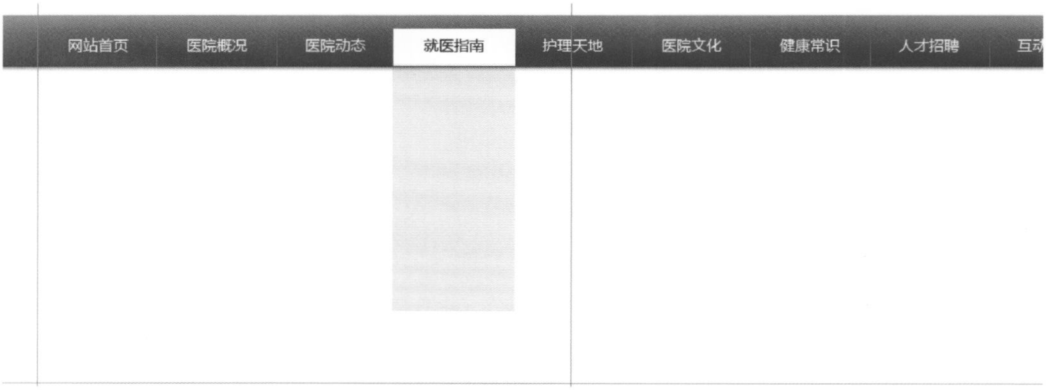

| 网站首页 | 医院概况 | 医院动态 | 就医指南 | 护理天地 | 医院文化 | 健康常识 | 人才招聘 | 互动 |

图 6-67　导航栏下拉矩形

7. 制作下拉菜单立体效果。新建图层,选择"直线工具",颜色设为 R199、G199、B199,绘制下拉菜单的立体效果,如图 6-68。

8. 绘制下拉菜单分隔线。将画笔"大小"设置为"1 px",点开画笔属性设置面板,将"形状动态"中的"最小直径"设置为"30％",如图 6-69。选择"钢笔工具",将钢笔工具的模式设置为"路径",为保证路径的水平,按住 Shift 键的同时绘制路径,点击右键菜单,选择"描边路径",描边工具选择"画笔",勾选"模拟压力",如图 6-70。绘制完成之后,按 Delete 键删除路径。

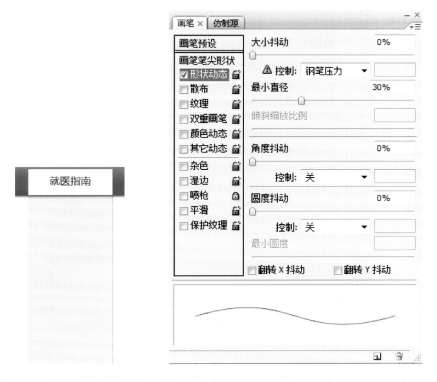

图 6-68　下拉菜单立体效果　　图 6-69　将"形状动态"中的"最小直径"设置为"30％"

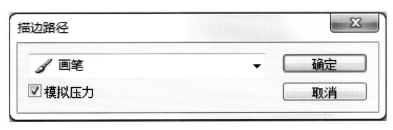

图 6-70　勾选"模拟压力"

9. 复制分隔线。按住 Alt 键的同时拖动鼠标,将分隔线复制成 3 份,调整副本位置,使其平均分布,如图 6-71。

10. 添加下拉菜单文字信息。将字体设置为"微软雅黑",字号设为"17 px",输入下拉菜单文字,如图 6-72。

图 6-71　下拉矩形区域
　　　　分隔线

图 6-72　添加下拉菜单
　　　　文字信息

6.2.3　制作轮换广告栏

轮换广告栏主要用于展示近期比较重要的新闻和相应的图片,左边蓝色背景上展示新闻的标题、来源、发布时间、点击次数以及配套图片的缩览图,右边展示新闻配套的大图。

1. 制作广告栏蓝色背景。点击图层面板底部的文件夹图标,创建图层组,并将其命名为"轮换"。新建一个空白图层,根据网站规划的辅助线用"矩形选框"工具创建选区,设置前景色为 R34、G137、B210,背景色为 R20、G81、B124。点击"渐变工具",将渐变模式设置为"径向渐变",在选区中绘制渐变。如图 6-73。

图 6-73　轮换广告区域

2. 绘制小图遮罩。新建一个图层,用"矩形工具"绘制一个小图遮罩,按住 Alt 键,拖动并复制小矩形成同样规格的四个小矩形。按住 Shift 键同时选中四个矩形所在的图层,点击"顶部对齐"和"按左分布",在四个矩形所在图层同时选中的状态下,按快捷键"Shift＋Ctrl＋Alt＋E"合并四个图层。如图 6-74。

图 6-74　小图遮罩

3. 将"新闻图片 1.jpg""新闻图片 2.jpg""新闻图片 3.jpg""新闻图片 4.jpg"拖入广告栏中,调整位置和大小,以略微覆盖小图遮罩为标准。此时照片大小不一,并且排列不够整齐,如图 6-75。

图 6-75　添加新闻图片

4. 按住 Alt 键,并将鼠标指向照片和小图遮罩层之间,让小图遮罩层对照片产生遮罩效果,从而使得照片整齐排列并且大小一致,如图 6-76。

图 6-76 新闻图片遮罩效果

5. 制作小图外框。在广告栏照片图层上方新建一个图层,按住 Ctrl 键的同时点击小图遮罩所在的图层,创建小图选区,执行"编辑"|"描边",描边"宽度"为"2 px","颜色"为"白色","位置"为"局外",创建小图的白色外框,参数设置如图 6-77,效果如图 6-78。

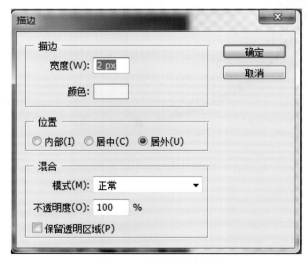

图 6-77 外框参数设置

图 6-78　小图外框

6. 输入广告栏文字信息。新建图层,用"直线工具"绘制白色文字分隔线,将字体分别设置为"微软雅黑""24 点""Bold"和"宋体""13 点",输入广告栏文字信息,如图 6-79。

图 6-79　添加广告栏文字信息

7. 将"新闻照片 1. jpg"拖入画布,放到蓝色广告栏右边,调整其大小和位置,如图 6-80。

图 6-80　添加新闻照片

8. 制作上一条新闻预览图。打开两张新闻图片，调出"色相/饱和度"面板，降低图片"明度"，调整图片的大小和位置，并给图片添加灰色边框。下一条新闻预览图的制作方法与此步骤类似，如图 6-81。

图 6-81　上一条新闻预览图

6.2.4　制作公告与天气栏

1. 制作公告与天气栏外框。点击图层面板底部的文件夹图标，创建图层组，并将其命名为"公告与天气栏"，新建一个图层，命名为"外框"，选择"矩形选框"，设置前景色为 R250、G250、B250，绘制公告与天气栏框，并添加深灰色外边框，如图 6-82。

图 6-82　公告与天气栏外框

2．添加公告与天气栏上的文字和图标。输入文字信息，并将"喇叭.psd"和"阵雨.psd"拖至公告与天气栏内，调整其位置与大小，如图 6-83。

图 6-83　公告与天气栏上的文字和图标

6.2.5　制作新闻中心和公告信息栏

1．制作新闻中心横条。点击图层面板底部的文件夹图标，创建图层组，并将其命名为"新闻中心"。新建一个图层，命名为"横条"，应用"多边形工具" 绘制选区，设置前景色为 R214、G219、B242，按"Alt＋Backspace"键填充前景色，如图 6-84。

图 6-84　新闻中心横条

2．绘制横条装饰图。选择"直线工具"，新建一个图层，将"粗细"设置为"4 px"，分别用颜色 R185、G192、B222 和 R146、G153、B184 绘制修饰线条，如图 6-85。用"选框工具"裁去直线上多余的部分，如图 6-86。按"Ctrl＋E"将修饰线所在图层与横条图层合并。

图 6-85　绘制装饰线条　　　　　　　　　　图 6-86　裁去多余线条

3．将"logo.psd"拖入横条上，并调整其位置和大小，如图 6-87。

图 6-87　添加 logo

4．输入栏目名称。将字体设置为"微软雅黑"，字号为"21 px"，颜色为 R56、G56、B56，输入栏目中文名称"新闻中心"；将字体设置为"微软雅黑"，字号为"20 px"，颜色为 R43、G122、B178，输入栏目英文名称"News Center"，如图 6-88。

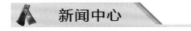

图 6-88　输入栏目名称

5．制作新闻图片轮换区域。用"矩形工具"和"直线工具"配合"描边"绘制新闻图片轮换区域，如图 6-89。

图 6-89　新闻图片轮换区域

6. 将"新闻图片 5.jpg"拖入画布中,调整其位置与大小,如图 6-90。

图 6-90　添加新闻图片

7. 制作轮换广告序号。点击图层面板底部的文件夹图标,创建图层组,并将其命名为

"小轮换广告"。新建一个图层,设置前景色为 R206、G6、B9,选择"矩形工具",模式为"填充像素",绘制小矩形,按住 Alt 键并拖放鼠标复制出四个小矩形,按住 Ctrl 键点击矩形所在图层创建小矩形选区,分别给四个小矩形填充颜色 R100、G89、B72,R65、G54、B50,R35、G29、B26,R22、G17、B20,如图 6-91。

图 6-91　图片轮换序号矩形背景

8. 选中第一个小矩形所在的图层,执行"编辑"|"描边",给矩形描边,描边"宽度"为"1 px","颜色"为"白色","位置"为"居外"。另外四个矩形也用同样的方法描边,并调整矩形的位置,如图 6-92。

图 6-92　制作轮换矩形分隔线

9. 在小矩形上添加数字序号。选中各个小矩形所在的图层,按"Ctrl＋E"将图层合并,合并之后将图层命名为"图片轮换序号",如图 6-93。

图 6-93　添加轮换序号

10. 将"图片轮换序号"图层移至新闻图片上,调整"图片轮换序号"图层的大小和位置,并添加文字,如图 6-94。

图 6-94　添加新闻标题

11. 添加新闻中心文字信息。使用"宋体""14 px",颜色 R100、G89、B72 和"宋体""12 px",颜色 R90、G90、B90 添加新闻中心的文字信息,如图 6-95。

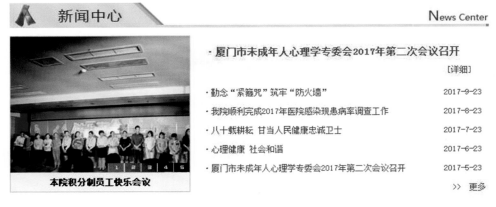

图 6-95　添加新闻中心文字信息

12. 制作公告信息栏。公告信息栏的制作方法与新闻中心类似,如图 6-96,此处不再赘述。

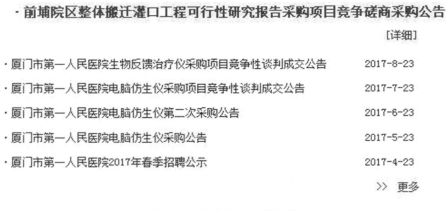

图 6-96　公告信息区域效果

🔖 6.2.6　制作科室导航

1. 绘制图标背景。点击图层面板底部的文件夹图标,创建图层组,并将其命名为"科室导航"。新建一个图层,命名为"图标背景",选择"矩形工具",模式设为"填充像素",绘制矩形,按住 Alt 键拖动并复制矩形,利用排列工具　将图标背景排列成两列,一列 6 个,如图 6-97。

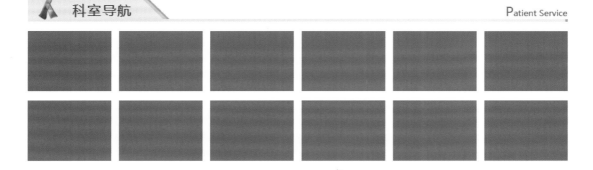

图 6-97　图标背景

2. 小图标的制作。打开"图标素材 1. psd",选择一张要处理的图标,用"裁剪工具"裁去多余的图标。用"魔棒工具"选择白色背景,执行"选择"|"反向",按快捷键"Ctrl＋J"将选区复制到一个新图层,选中背景图层并将其删除,如图 6-98。用"魔棒工具"点选图标中间没有去掉的白色背景部分,如图 6-99。按住 Ctrl 键的同时点击图标所在的图层,创建图标形状选区,并填充白色,如图 6-100。

图 6-98　去除图标背景　　　图 6-99　进一步去除图标背景　　　图 6-100　白色图标

3. 将白色图标图层拖至图标背景上,按快捷键"Ctrl＋T"调整图标的大小和位置。其他图标的制作方法一样。选中所有小图标,快捷键"Ctrl＋G"将所有图标组合到图层组中,将图层组命名为"小图标"。用"微软雅黑""18 px""白色"添加文字信息,如图 6-101。

图 6-101　添加图标文字

6.2.7 制作视频展播栏目

1. 绘制视频展播区域。点击图层面板底部的文件夹图标,创建图层组,并将其命名为 "视频中心"。新建一个图层,选择"矩形工具",模式设为"填充像素",颜色为"黑色",绘制矩 形,如图 6-102。

图 6-102 视频展播栏目区域

2. 制作视频预览图。将素材"视频照片.jpg"拖入画布中,调整大小和位置,将其覆盖在 黑色矩形区域上,按住 Alt 键的同时将鼠标指针移到视频照片与黑色矩形图层之间,使得黑 色矩形对视频照片产生遮罩,将视频照片图层不透明度设置为 50%,如图 6-103。

图 6-103 视频预览图

3. 绘制播放按钮。新建一个图层,选择"自定义形状"工具,在工具栏上的"形状"属性 中添加全部形状,选择前进图标,将前景色设置为白色,为保证绘制出正圆图标,按住 Shift 键同时拖动鼠标绘制图标。用"多边形套索" 创建选区,并填充白色,将播放按钮中的形 状绘制成三角形,如图 6-104。

图 6-104　视频播放按钮

4. 将"进度条.jpg"拖放到画布中,调整其大小与位置,如图 6-105。

图 6-105　视频播放进度条

6.2.8　制作专家团队展示区

1. 处理专家照片。打开"专家照片.jpg",用裁剪工具裁去多余的部分,用"磁性套索工具"选择人像。选择人像时,当遇到直线选区部分,可以按住 Alt 键的同时点击鼠标左键,将"磁性套索工具"临时转换成"多边形套索工具",松开 Alt 键之后点击鼠标左键,便又恢复成"磁性套索工具"。创建人像选区之后,按快捷键"Ctrl＋J"将选择的图像复制到新图层。如图 6-106。

2. 给专家照片换背景。选中原来的"专家照片"图层,即背景图层,将前景色设置为 R115、G206、B233,按"Alt＋Backspace"将前景色填充到背景图层中,按"Ctrl＋E"将人像图层与背景图层合并,如图 6-107。

3. 绘制照片的灰色边框。执行"文件"|"新建",设置大小为 550 像素×700 像素,"分辨率"为 72,"颜色模式"为"RGB 颜色",背景为白色。选择"矩形选框"工具,绘制矩形选区,新建一个图层,执行"编辑"|"描边","描边"为"3 px",颜色 R200、G200、B200,"位置"为"居中",将蓝色背景人像照片拖入灰色边框内,调整人像照片的大小和位置,可以用上下左右方

向键微调照片的位置。将人像照片图层与边框图层合并，保存文件，命名为"专家照片1.psd"，其他专家照片也按此方法制作，如图6-108。

图 6-106　专家照片　　　图 6-107　给专家照片换背景　　　图 6-108　绘制照片背景的灰色边框

4．排布专家照片。点击图层面板底部的文件夹图标，创建图层组，并将其命名为"专家团队"。在"专家团队"工作组下，再建一个工作组，命名为"专家照片"，将"专家照片1.jpg""专家照片2.jpg""专家照片3.jpg""专家照片4.jpg""专家照片5.jpg"拖入"专家照片"工作组中，调整照片的大小和位置，如图6-109。

图 6-109　排列专家照片

5．绘制按钮。利用"矩形选区"工具和"多边形选区"工具绘制浏览上一张照片和下一张照片的按钮，并添加相应的文字信息，如图6-110。

杨仪和　　　　周华天　　　　白传　　　　聂晓明　　　　曾英旭
院党总支书记、院长　主任医师　　副主任医师　　副主任医师　　主治医师
综合医疗科　　　综合医疗科　　综合医疗科　　综合医疗科　　综合医疗科

图 6-110　制作上一张和下一张按钮

6.2.9　制作留言咨询区

1. 绘制留言咨询区域。点击图层面板底部的文件夹图标，创建图层组，并将其命名为"留言咨询"，新建一个图层，绘制灰色矩形区域，如图 6-111。

图 6-111　留言咨询区域

2. 制作留言内容区。新建图层，用矩形工具绘制白色留言区，添加深灰色边框线增加立体效果，并添加文字内容，如图 6-112。

图 6-112　留言内容区

3. 制作留言咨询区按钮。用"矩形工具"绘制按钮形状，并添加按钮文字，如图 6-113。

图 6-113　留言咨询按钮

6.2.10　制作指导单位

1. 绘制指导单位区域。点击图层面板底部的文件夹图标，创建图层组，并将其命名为"指导单位"。新建一个图层，用"矩形选框"和"描边"创建指导单位区域外框，用"矩形工具"制作指导单位导航，并添加文字信息，如图 6-114。

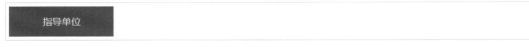

图 6-114　指导单位区域

2. 添加指导单位图标。将"指导单位图标"文件夹内的图片全部导入，调整大小和位置，如图 6-115。

图 6-115　指导单位图标

6.2.11　制作网站底部

1. 绘制页脚区域。点击图层面板底部的文件夹图标，创建图层组，并将其命名为"底部"，新建一个图层，将前景色设置为 R87、G87、B87，用"矩形工具"绘制页脚区域，如图 6-116。

图 6-116　页脚

2. 制作黑白 logo。选中 logo 所在的图层，按快捷键"Ctrl＋J"复制出 logo 的副本，并将其移动到"底部"工作组下，点击图层面板下方的"调整图层"按钮，选择"黑白"，弹出黑白调整面板，按默认值确定，如图 6-117。将 logo 设置为黑白色系，效果如图 6-118。

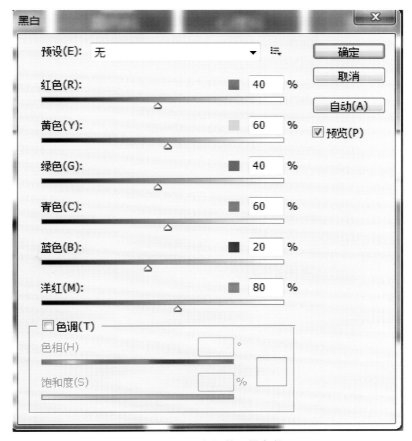

图 6-117　黑白调整设置参数

图 6-118　黑白色的 logo

3. 将 logo 图层组中的三个 logo 文字图层栅格化，之后合并成一个图层，按"Ctrl＋J"复制出一个副本，将副本所在图层命名为"logo 白字"，并将副本移至"底部"工作组。选中"logo 白字"，点击图层面板下方的"添加图层样式"按钮 **fx.**，选择"颜色叠加"，弹出图层样式面板，将叠加颜色设置为白色，如图 6-119。

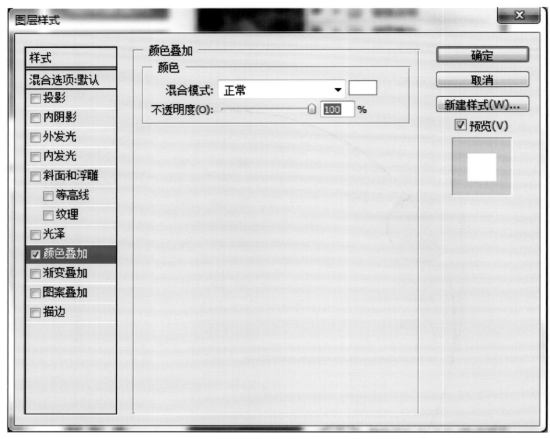

图 6-119　logo 颜色叠加成白色

4. 添加页脚文字信息。将"字体"设置为"宋体","字号"设为"13 px",输入地址、版权等网站页脚信息,如图 6-120。

图 6-120　添加页脚文字信息

最后整体效果如图 6-121。

图 6-121　最后整体效果